味な
ニッポン戦後史

澁川
Shibukawa Yuko

インターナショナル新書 140

はじめに

昭和生まれの私には、もはやついていけない味なのだろうか。初めて魚介豚骨系のラーメンを食べたとき、そう思った。

あれは二〇〇〇年代前半だったか。私が入ったとある店には、いつも若い人たちで長蛇の列ができていた。魚介豚骨系の嚆矢《こうし》は、一九九六年（平成八）に東京・中野で創業した「青葉」だとされる。二〇〇〇年代初めにつけめんブームが到来し、濃厚な魚介豚骨系のスープは当時、そのつけ汁としても人気だった。

鶏ガラや豚骨をもうもうと炊きあげたスープに、煮干しやかつお節の魚介だしを合わせたWスープ。分厚い脂《あぶら》の膜でコーティングされたうま味の濃縮液は、舌や喉《のど》に貼りつくようだった。鶏ガラスープのあっさりした、昭和の醤油ラーメンに慣れ親しんできた私にとって、そのおいしさは過剰に感じられた。

こってりしたラーメンといえば、一九六八年（昭和四三）創業の「ラーメン二郎」（創業当時は「ラーメン次郎」）や、一九八〇年代にブレイクした「背脂チャッチャ系」が浮かぶ。この手のラーメンは、そこからさらに自分の舌では味わいがたい領域へと突入したのかもしれない。ラーメン好きだと思っていた自分にとって、この一件はちょっとした衝撃だった。ただ単に味に慣れていないだけではないかと、その後も二、三度味わってしまったぐらいだ。でも結局、最初に抱いた印象は覆ることはなかった。その一方で豚骨系は市民権を得て、世界に進出していった。

おいしいと思うものは人それぞれだ。

とはいえ、時代が求める味がある。一人のなかでも、食の好みが年齢や環境によって変わりうるように、その社会がおいしいと思う味もいつのまにか変容していることがある。魚介豚骨系のラーメンは、世の嗜好の変化を強く意識させるきっかけになった。

以来、気になって周囲を見渡してみると、昔とくらべてトマトが酸っぱくなくなった、しょっぱい梅干しが手に入りにくくなった、といった声がちらほら耳に入ってくる。たしかにいつの頃からかトマトはフルーツのように甘くなり、梅干しは、はちみつ入りのマイルドなものがスーパーの売り場の大半を占めるようになった。

ならばいつ、どんな状況の下で人々の嗜好は変わっていったのだろう。巷でなんとなく語られていることを時間軸に位置づけて変化を追ってみたい。それが、本書の出発点だ。

日本の食は、戦後に大きく変わったといわれる。だが、日本人の味覚を論じたこれまでの本は長い歴史的な視点に立ち、現代については手短に語られているものが多かった。ならば、戦後から今にいたる味覚と社会との接点をつないでいけば、別の角度から戦後日本社会の食のありよう、ひいては社会の姿を浮き彫りにすることができるのではないかと考えた。決して、ある特定の食べものの是非を論じる類《たぐい》の内容ではないことをあらかじめ断っておく。

本書では基本五味のうち、まずは日本で一九〇八年（明治四一）に発見され、今や世界でも注目される「うま味」に焦点を当てる。次に生命維持と深く結びついている「塩味《えんみ》」、人間にとって生理的に好ましい味である「甘味《あまみ》」を取りあげる。

続く「酸味《さんみ》」や「苦味《にがみ》」は味覚の脇役に思えるかもしれないが、じつはおいしさをチューニングする鍵を握っている。そして味覚には分類されないが、味わいに興を添える「辛味《からみ》」を俎上に載せる。最後は目下、第六の味覚として最有力候補に挙がっている「脂肪味《しぼうみ》」に注目する。

おいしさを科学的に解明する試みは今も途上にある。

近年の研究では、おいしさをつくり出すのは味だけではなく、匂いもひっくるめた「風味」が重要だと考えられている。新型コロナウイルスの流行で、嗅覚に支障をきたすことがいかに食の満足度を低下させるかを痛感した人も多いだろう。さらにおいしさは、食感や色味などの要素が複雑に絡み合って生まれる。本書ではそこまで手を広げることはできなかったが、味覚だけがおいしさを規定するわけではないことは強調しておきたい。

普段何気なく選んでいる調味料や食材にはどんな経緯があって、スーパーの売り場の一画を占めるようになったのか。そして、それが自分の食の好みにどう影響を及ぼしているのか。本書を通じて、日々の食卓に対する解像度が少しでも上がるような発見があれば嬉しく思う。

ではさっそく、戦後ニッポンがたどってきた味変の痕跡を追ってみよう。

目次

図表については本稿に合わせて表記を一部改めた。

第一章 【うま味】「味の素」論争と「だし」神話

SNSでよみがえった魔法の白い粉

あの赤いキャップの小瓶が食卓から消えたのはいつだったのか。

記憶をたぐってみても、はっきりと思い出せない。覚えているのは、小瓶からさっとふり出される細長い結晶が醤油の小皿できらめいていた光景だ。父はいつもその結晶入りの小皿に、漬けものをちょんちょんとつけて食べていた。少なくとも一九八〇年代初めまではあったように思うのだが、いつのまにか姿を見かけなくなった。

そう、「味の素《もと》」である。かつて「化学調味料」と呼ばれ、のちに「うま味調味料」と言い換えられたあの白い粉だ。

以来、ラーメン屋や食品のパッケージで「化学調味料不使用」「無化調」と否定の形で語られているのを目にすることはあっても、とくに意識することなく過ごしてきた。一世を風靡《ふうび》したはずの調味料は、いつしか大っぴらに語られることがなくなっていたからだ。

でも、それは単に見えなくなっただけだったと、『町中華とはなんだ 昭和の味を食べに行こう』（北尾トロ、下関マグロほか著、立東舎、二〇一六年）を読んでその存在を思い出した。同書は、町中にある大衆的な中華食堂「町中華」が注目されるきっかけになった本だ。著者の面々は「町中華探検隊」を名乗り、今も活動を続けている。

本では、個人経営の店が多い町中華が生き延びてきた理由を「化学調味料＝化調」による「中華革命」があったからだと述べる。多くの店が「化学調味料」を使うことで、ベーシックな味が確立された。しかも、その味はすでに人々の舌になじんでいたものだった。
「ぼくが子どもの頃は食卓に味の素やハイミーが当たり前の顔で置かれていた。家メシからしてそうなのだ。昭和三〇年代生まれは化調で育ったと言っても大げさではないだろう。日本中が化調に夢中だったのだ[*1]」

図1-1　「アジパンダ」瓶入りの「味の素」。

「ハイミー（発売当時はハイ・ミー）」は味の素よりもうま味をパワーアップさせた調味料で、一九六二年（昭和三七）に味の素から発売された。私は昭和四〇年代末生まれのせいか、「化調で育った」までの実感はない。でもこのくだりを読み、そうだったのか、ブレがない町中華の濃い味の陰で「化調」の存在が少なからぬ影響を及ぼしていたのかとつながった。

最近、味の素をめぐる是非論が再燃している。表から見えなくなっていた味の素を再び日の当たるところへ引っ張り出したのは、SNSという新しいメディアの登場だった。

その矢面《やおもて》に立っているのが、バズレシピで有名になったSNS発の料理研究家のリュウジだろう。彼のレシピ本や動画には「うま味調味料　三振り」といったフレーズがよく出てくる。二〇二〇年（令和二）の料理レシピ本大賞を受賞した『ひと口で人間をダメにするウマさ！リュウジ式 悪魔のレシピ』（ライツ社、二〇一九年）では、よく使う調味料の一つとして挙げている。さらにうま味調味料に対してだけ、コンソメやだしのように風味がつかず、うま味だけを足せる「素材を活かす調味料」だとわざわざ断わっており、その言い分には一理ある。

おもしろいのは、一九八六年（昭和六一）生まれのリュウジの家に味の素はなく、あまりなじみのない調味料だったと語っていることだ。味の素の味を知ったのは祖父母の食卓。しかも祖父は町中華の元料理人で、その祖父から味の素の使い方を教わったという（『料理研究家のくせに「味の素」を使うのですか？』河出新書、二〇二三年）。

またしても町中華である。

今や町中華の人気はうなぎのぼりだ。テレビ番組や雑誌でローカルな店が次々と取りあげられ、我が家の近所の店でも連日行列ができている。見てみると、並んでいる客の半数以上は若い人だ。若い世代にとって、町中華は昨今流行《はや》りの昭和レトロを体験できる空間の一つにちがいない。町中華は在りし日を懐かしむ昭和生まれだけではなく、昭和を知らない若い世代も巻き込み、ちょっとしたブームになっている。

リュウジを筆頭に若い世代の多くにとって、「化調」で味を決めた町中華の味は決して懐かしい味ではない。それは、裏を返せば先入観もないということだ。世代による距離感の違いが、うま味調味料をめぐる議論の火種を大きくしているのかもしれない。

日本のうま味の変遷を語るとき、避けては通れない調味料。まずはそこから話を始めてみよう。

昆布だしから生まれた「味の素」

うま味は、塩味、甘味、酸味、苦味と並ぶ基本五味のうちの一つである。料理の総合的なおいしさを表す「うまみ」とは異なり、うま味物質から感じる味のことを指す。うま味は、生命維持に必要なタンパク質のありかを知らせてくれる。

代表的なうま味成分はグルタミン酸、イノシン酸、グアニル酸の三つだ。

このうちグルタミン酸はタンパク質を構成する二〇種類のアミノ酸のなかの一つで、肉や魚、野菜、発酵食品などさまざまな食材に含まれている。イノシン酸とグアニル酸は細胞核にある核酸系の物質で、イノシン酸は肉や魚などの動物性の食材に多く含まれ、グアニル酸は乾燥したきのこに多く含まれる。

うま味は、二〇世紀初めに東京帝国大学博士の池田菊苗《きくなえ》によって発見された。池田は当時から、うま味は甘味、塩味、酸味、苦味という従来の基本四味とは異なる新しい味の一つだと確信していた。だが世界では、うま味はほかの味を底上げする風味増強剤の一種だと長らく考えられてきた。

第五の味覚「UMAMI」として世界から正式に認められたのは二一世紀になってからだ。一九九〇年代終わりから味物質を感知する味覚受容体の研究が飛躍的に進展するなかで議論が活発になり、「UMAMI」は国際語として広まっていった。そして二〇〇二年、舌の味蕾《みらい》にうま味受容体が存在することが証明され、晴れてうま味は独立した味の一つだと認められた。

池田がうま味成分を発見するきっかけになったのが、昆布だしだったというのは有名な話だ。当時、東京ではかつお節でだしを取るのが一般的だったが、京都出身者だった池田は日頃から昆布だしに親しんでいた。そのおいしさのもとを探り当てようと試行錯誤し、一九〇八年（明治四一）、池田は昆布からグルタミン酸というアミノ酸の一種を抽出することに成功した。

もっともグルタミン酸そのものは、一八六六年にドイツの化学者リットハウゼンによってすでに発見されていた。名前の由来は、リットハウゼンがこの物質を取り出す際に、小麦粉のグルテンを使ったことによる。

図1-2　うま味を発見した池田菊苗博士。

池田の発見の肝《きも》は、グルタミン酸を中和してグルタミン酸の塩にすると、強いうま味が生じることを突きとめたことだ。グルタミン酸自体は酸性で、舐めても酸っぱくておいしくない。しかし、水に溶かして中和すると、好ましい味になる。池田はこの味を「うま味」と命名した。

さらに池田は、鈴木製薬所（現・味

の素）の二代鈴木三郎助《さぶろうすけ》の協力を得て、調味料の開発に着手する。グルタミン酸を中和する実験を行い、なかでも水に溶けやすく、扱いやすかったのがグルタミン酸ナトリウム（ＭＳＧ）だった。こうして翌一九〇九年（明治四二）、商品化にこぎ着けたのが「味の素」である。

池田が研究を始めた動機は、国民の栄養状況を改善したいという思いだった。日本初の医学博士である三宅秀《ひいず》が唱えた「佳味《かみ》は消化を促進する」という説を目にした池田は、「佳良にして廉価なる調味料を造り出し滋養に富める粗食を美味ならしむること」がその一助になると考えたと後年振り返っている。*2 研究の最終的なゴールは、昆布のおいしさを活用した調味料をつくることに最初から設定されていたのだ。

日本はその後も、うま味の研究を牽引していった。その際に手がかりとなったのは、やっぱり、だしだった。

一九一三年（大正二）、池田の研究生だった小玉新太郎によって、かつお節のうま味成分がイノシン酸に起因することが解明された。さらに一九五七年（昭和三二）、ヤマサ醤油研究所の国中明《くになかあきら》はイノシン酸を研究する過程で、グアニル酸の塩にも強いうま味があることを発見。のちに武田製薬工業食品研究所の中島宣郎《なかじまのぶろう》によって、干ししいたけのうま味成分がグアニル酸であることも特定されている。

また国中らは、アミノ酸系のグルタミン酸と、核酸系のイノシン酸やグアニル酸を組み合わせると、飛躍的にうま味が増す「うま味の相乗効果」が生まれることも明らかにした。つまり、昆布とかつおの合わせだしは、理に適《かな》った方法だったことが判明したのだ。昆布、かつお節、干ししいたけ。日本でだしとして使われてきた食材から、次々とうま味が発見されたのはなぜか。

その理由は、日本の食生活が野菜や穀類を中心に、魚や大豆製品などのタンパク質が加わった淡白なものだったからだといわれている。

味覚研究で知られる栄養化学者の伏木亨《ふしきとおる》は、料理のコクを生み出す三要素として「糖と脂肪とダシのうま味」を挙げる。[*3] 長く輸入に頼っていた砂糖が庶民の口に入るようになったのは江戸時代後期のことだ。肉類や乳製品、油脂といった脂肪分とも長く縁遠かった。淡白な食事のもの足りなさを補うにはうま味が欠かせなかったのだ。

グルタミン酸を豊富に含む醤油やみそと同様に、だしもまたうま味を加えるための解の一つだった。池田はそのだしをさらに進化させ、手軽にひとさじで料理にプラスできるようにしたのだった。

レシピから消えた「化学調味料」

池田の高い志によって誕生した味の素だったが、最初から手放しで受け入れられたわけではなかった。

販売が軌道に乗り始めた大正時代、「原料が蛇《へび》である」というデマが流れ、新聞広告に「原料は小麦」「原料は小麦の蛋白質《たんぱくしつ》」といちいち明記しなければいけない事態に見舞われた。公式サイトの「味の素グループ100年史」では、デマの原因を「古くから日本の各地には、蛇が珍味をもたらすという伝説が存在していたので、これが『味の素』と結びついたという説もある」と推測している。*4 あまりに簡単においしくなるために、これには何か裏があるのではないかといぶかるほど、当時の人々が驚いたことの証左かもしれない。

だが、一九二七年（昭和二）に宮内省御用達《ごようたし》になった頃には、類似品が出回るほど広まっていた。戦中から戦後にかけて生産は一時ストップするも、高度成長期を迎え、業界は再び発展を遂げる。

その背景には技術革新もあった。一九五六年（昭和三一）、協和発酵工業（現・協和キリン）が、微生物を利用してグルタミン酸を製造する直接発酵法を確立。コストを抑えて大量生産できるようになった。また、先にふれた国中らの「うま味の相乗効果」の発見によって、グルタミン酸とイノシン酸を掛け合わせた商品も複数のメーカーから登場した。味の素よりうま味の強いハイミーもその一つだ。

当時の料理本には、うま味調味料がかなりの頻度で登場している。

たとえば、ハイカラな西洋料理に定評があった料理研究家の草分け、江上トミが著《あらわ》した『私の料理　日本料理』（柴田書店、一九五六年）では、吸いものの汁に「旭味少々《あさひあじ》」が出てくる。旭味は旭化成工業（現・旭化成）が手がけていたブランドだ（現在は販売終了）。そのほか煮しめや大根の煮なますなどの煮ものや酢飯《すめし》など、旭味はちょこちょこ登場する。

同じく料理研究家の第一人者である辰巳浜子《たつみはまこ》著『手しおにかけた私の料理』（婦人之友社、一九六〇年）を見ると、こちらは味の素派だ。

小アジの酢のものに使う三杯酢のレシピには、コップ半杯の酢に対し、味の素小さじ半杯を入れるようになっている。ほかにも汁ものや魚の照り焼き、なすの副菜、天つゆなど、さまざまなレシピに味の素は使われている。材料表の最後に「味の素」とだけ記され、分量の指示がないレシピが多いところを見るに、味の調整役として適宜入れることを想定していたと考えられる。

しかし、一九九二年（平成四）に復刻された『手しおにかけた私の料理 辰巳芳子《よしこ》がつたえる母の味』（婦人之友社）をみると、随所に登場していた味の素はすべて削除されていた。

再編集を手がけたのは、辰巳浜子の娘で同じく料理研究家になった辰巳芳子だ。本の冒頭には「時代の推移により、素材の状況も、それを扱う人々の状況もかわりました」と、時代の変化を踏まえて改変したことが断ってある。推測するに、味の素の記述をざっくり削除したのもその一環なのだろう。

では、レシピ本からうま味調味料が消えるにいたった時代の変化とは何だったのか。

「中華料理店症候群」の後遺症

引き金になったのは、一九六八年にイギリスの医学雑誌「The New England Journal of Medicine」に掲載された「チャイニーズ・レストラン・シンドローム（中華料理店症候群）」と題する報告だった。[*5]

その内容は、中華料理を食べたあとに頭痛や発汗、しびれなどの症状が多数起きているというものだった。さらにその原因の一つとして、中華料理に多く含まれるグルタミン酸ナトリウムの可能性が示唆されていた。これが話題になったところに翌一九六九年、グルタミン酸ナトリウムをマウスに皮下注射した実験を通して、その害が指摘された。

折しも人工甘味料のチクロに発がん性の疑いが指摘され、使用禁止になったばかりだった（三章参照）。一九六〇年代後半は食品添加物や公害の問題が表面化し、化学物質の弊害が人々に広く共有されていった時代である。当時の「化学調味料」という呼び方もあだになった。

なお、化学調味料という呼び方を初めて使ったのはNHKの料理番組『きょうの料理』とされる。それまではもっぱら商品名で通っていたが、公共放送で特定の商品名を登場させないという方針に従い、一九六〇年代に〝最先端の調味料〟を思わせるネーミングが編み出されたという経緯があった。[*6] つまり、最初のうちはポジティブに語られていたのが、科学への不信感によってネガティブなイメージへと反転してしまったのだ。

結局、この騒動はその後の実験を通じ、グルタミン酸ナトリウムと症状との関連は証明できないとの結論に達した。国連食糧農業機関（FAO）と世界保健機関（WHO）によるFAO／WHO合同食品添加物専門家会議（JECFA）は一九七〇年代から数度にわたる審査を繰り返し、一九八七年には一日の摂取許容量を制限する必要がない安全な添加物であるとのお墨つきを与えている。ただし念のため断っておくと、醤油をガブ飲みしたら体

図1-3　うま味調味料への世帯当たり年間支出額

出典：総務省「家計調査」（二人以上の非農林漁家世帯）

によくないのと同様、調味料として常識の範囲で使う分には問題ない、ということだ。

しかし、いったん広まった不信感が消えることはなかった。

業界は一九八五年（昭和六〇）に名称を「化学調味料」から「うま味調味料」に変えたものの、時すでに遅しだった。二〇〇万部を超えるベストセラーになった『買ってはいけない』（『週刊金曜日』編、金曜日、一九九九年）でもやり玉に挙げられ[*7]、論争はくすぶり続けた。

その影響はじわじわと市場に現れた。総務省「家計調査」（二人以上の非農林漁家世帯）を見ると、うま味調味料への年間の支出額は一九六八年（昭和四三）の一三四五円をピークに減少の一途をたどっている。そして一九九九年（平成一一）の二六一円を最後に、以降は「他の調味料」に吸収されてしまっている。

ならば、人々はうま味のきいた料理を手放したのだろうか。そうではない。代わりとなるものを手に入れたのだ。

終わらない「味の素」論争

うま味調味料の代わりに需要を伸ばしてきたのが、顆粒《かりゅう》だしやコンソメ、液体だし、めんつゆなどの調味料である。

なかでもめんつゆは、昭和三〇年代に相次いで醤油メーカーが参入した。一九六〇年（昭和三五）には年間二〇〇〇キロリットルの販売量だったのが、一九七五年（昭和五〇）には二万キロリットルを突破し、一〇倍も伸びた（日刊経済通信社調べ[*8]）。その後も市場は拡大を続け、一九九四年（平成六）に約一一・四万キロリットルと一〇万リットルの大台に乗り、二〇〇七年には二〇万キロリットルを超える急成長を遂げてきた。ここ一〇年ほどは二三万キロリットル前後で推移している。

今やめんつゆは、単にめん料理だけでなく、煮物や和《あ》えものにも使える万能調味料として、料理番組やレシピ本でも頻繁に取りあげられている。だが、これらの商品の原材料表

図1-4　めんつゆ類の販売量

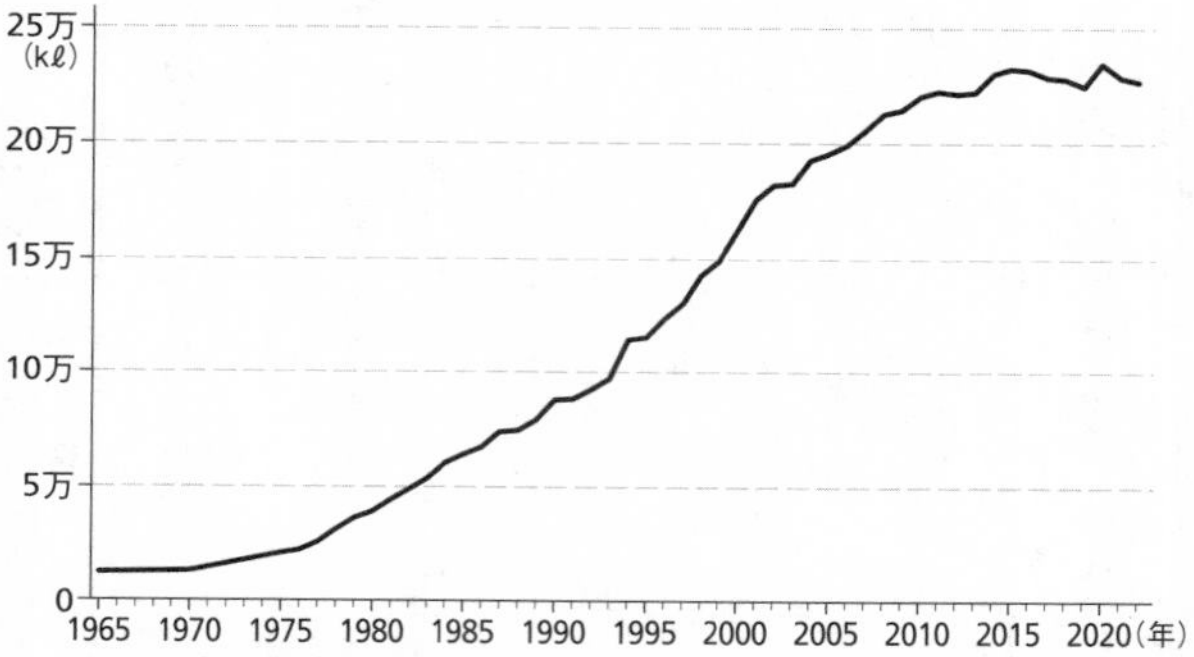

※1965〜75年は5年ごとの数値

出典：日刊経済通信社

示をよくみると、「調味料（アミノ酸等）」と書かれていることが多いのに気づく。

添加物としての調味料は、グルタミン酸などの物質名まで書かなくてもよいことになっている。表示する際には「調味料」のあとにカッコ書きで、アミノ酸や核酸などのグループ名を明記する決まりだ。「調味料（アミノ酸）」と記されているならば、アミノ酸系の調味料のみが使われていることを示している。「調味料（アミノ酸等）」ならば、アミノ酸系の調味料を主に、ほかに核酸系などの調味料も使われていることを意味する。

アミノ酸系の調味料といえば、代表的なのはグルタミン酸ナトリウムである。つまり、粉末の形では目にしてはいないものの、知らず知らずのうちにグルタミン酸ナトリウムを日常的に使っている可能性が高いということだ。

だからといって、だしの素《もと》やめんつゆがよくないと糾弾したいのではない。私もめんつゆを常備する一方で、うま味調味料は買い置きしていない。結局のところ、多くの人がいかにも人工的な感じがする白い粉をなんとなくイメージで避けているにすぎないということだ。

そんなタブーを破ったのが、冒頭で述べたリュウジなどの新タイプの料理研究家らだ。うま味調味料を公然と使う料理研究家が現れ、しかもその味を支持する大勢が可視化されたことは料理界においてちょっとした衝撃だったにちがいない。しかし、それは賛成派と同時に根強い反対派を炙り出してしまった。

リュウジのX（旧・ツイッター）では、味の素反対派とのバトルがたびたび繰り広げられている。ついには『料理研究家のくせに「味の素」を使うのですか？』という本まで出版した。なぜ自分が味の素を使うようになったのかという経緯から味の素の歴史、活用法、安全性までをとうとうと述べた一冊だ。

しかし、反対派がこの本を読んで納得した気配はない。この原稿を書いている間もまた、味の素がらみのネタで彼が炎上しているのを見てしまった。[*9] 同書の帯には「『味の素』論争に終止符を打つ」とあったが、誕生時から何度となく繰り返されてきた論争はまだまだ終わりそうにない。

だしを取らない、だしブーム

うま味調味料をめぐる賛否両論が渦巻く一方で、その原点であるだしは、ここのところ息の長いブームになっている。

火つけ役は二〇〇六年（平成一八）にだしパックを売り出した茅乃舎《かやのや》だとされる。種々のだしが試飲できる売り場を初めて見たとき、たしかにこれは画期的だと思った記憶がある。

その後、だしをドリンクのように味わう「飲むおだし」で人気を博したのは、かつお節の老舗のにんべんが手がけるだし専門店「日本橋だし場」だ。二〇一〇年（平成二二）にオープンして以来、二〇二二年にはかつお節だしが累計一〇〇万杯を突破した。[*10]

しかしブームのわりに、だしを自分で取っている人はそれほど多くない。

日本昆布協会が二〇一六年（平成二八）に行ったアンケートの結果では、「あなたは普段の料理で、主にどんなタイプのだしを使っていますか？」という問いに対し、顆粒だしと

図1-5　普段の料理で主に使うだしのタイプ

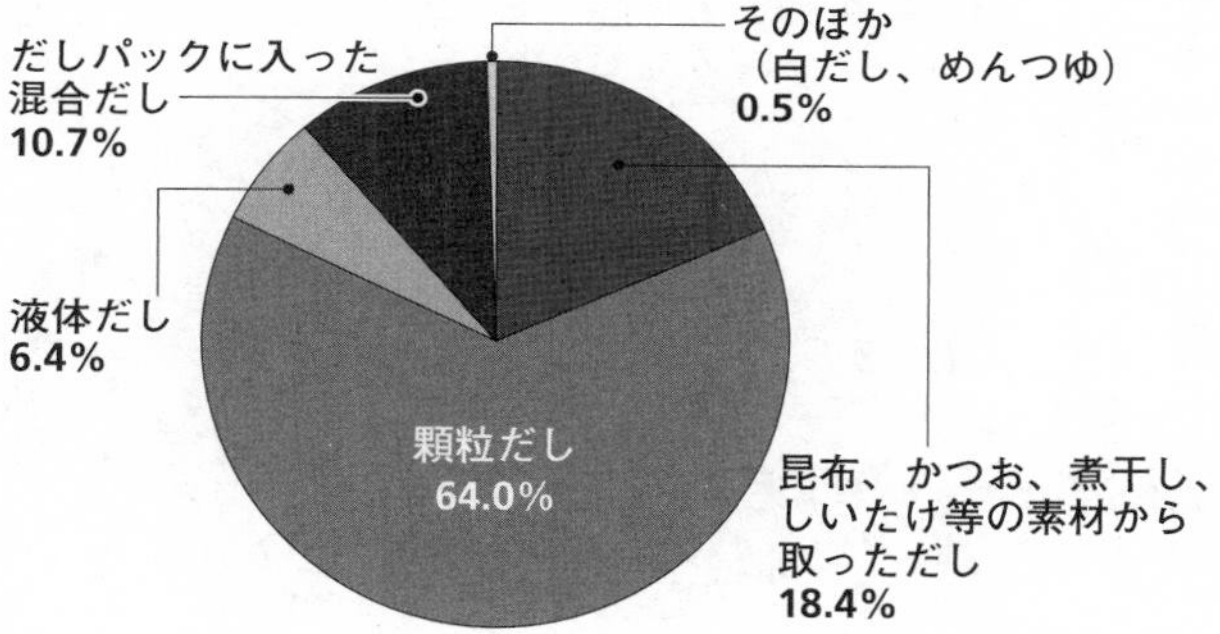

出典：日本昆布協会アンケート（2016年、有効サンプル数1005）

答えた人は六四・〇%。だしパックや液体だしを使っている人を合わせると、八〇%を超える。一方、昆布やかつお節などの素材からだしを取っている人は一八・四%にすぎない。[*11]

多くの人がだしの取り方として、まっさきに思い浮かべるのは昆布とかつお節の合わせだしだろう。水から昆布を煮て、沸騰直前に取り出す。煮立ったら、かつお節をバサッと入れて、アクをすくいながら一分ほど煮て火を止める。かつお節が沈んだら漉《こ》して完成だ。

言うは易《やす》く行うは難《かた》し。プロでも一家言《いっかげん》あるだしの取り方だ。どこまで煮たら昆布からうま味を十分に引き出せたと判断できるのか、あるいはかつお節をどれだけ煮すぎたら雑味《ざつみ》になるのか、自信をもって見極められるかというとなかなかむずかしい。少なくとも私は、いつまで経っても心許《こころもと》ない気分が拭えない。

面倒臭さもさることながら、私のような苦手意識がだしを取るハードルになっているのではないだろうか。ずっとそう感じていたところ、七年前、九〇代になるレジェンドな料理研究家に取材した際に「今の人は、だしといえば昆布とかつお節ってすぐ思うでしょ。でも昆布は高いから毎日使うのは大変じゃない。昔はそんなことなかったのよ」と言って、普段は煮干しを使うように勧めてきた。その言葉を聞き、「そうか、今は昆布とかつお節の〝正しいだしの取り方〟に縛られすぎているのかもしれない」と気づかされた。

同じ頃、料理のプロからだしをもっと気軽に捉えようというメッセージが発せられるようになった。その筆頭が、文庫と合わせ三三万部のベストセラーになった料理研究家の土井善晴《よしはる》による『一汁一菜《いちじゅういっさい》でよいという提案』（グラフィック社、二〇一六年）だ。同書では繰り返し、具材のうま味があれば必ずしもだしは必要ないことが語られる。

では、いつから合わせだしが〝正しい〟だしの取り方として広まったのだろうか。

戦後に普及した合わせだし

伝承料理研究家の奥村彪生《あやお》は、だしについて「昆布も鰹節《かつお》も、これほど使われるようになったのは、流通が発達したからです。ただし、昆布は圧倒的に京阪《けいはん》中心で、全国的に使われるようになったのは戦後になってからです」と述べている。[*12]

もっとも、遅くとも室町時代には今と同じ意味でだしという言葉が使われるようになり、合わせだしも江戸時代には使われていたことが古い料理書から確認できる。ただ、江戸時代の料理書は料理人向けが多く、日常的な食事とは隔たりがあった。合わせだしを使うような高級料理はごく限られた人しか口にできなかったと考えられている。

昆布だしが関西で広まったのは、昆布が北海道から北前船《きたまえぶね》で大量に運ばれ、入手しやすかったこと、水質が昆布からだしを取るのに適した軟水だったことが主な理由だ。一方、関東は流通に不利なだけでなく、水質も硬水のため昆布のだしを取るのには向かず、かつおだしが主流になったとされる。

明治になると、家庭向けの料理書にだしの取り方が説かれるようになる。が、実際に調べてみると最初に記されているのは、ほぼかつおだしだ。たまに合わせだしへの言及もあるが、現在のように水から昆布を煮る取り方は、大正末期から昭和初期の料理書にようやくいくつか確認できるくらいで、浸透していたとは言いがたい。

たとえば一九二八年（昭和三）刊行の『食物辞典』（沢村真著、隆文館）では、「煮出汁《にだし》」

の項に合わせだしはなく、かつお節、昆布、しいたけの単体のだしだけ。しかも昆布だしは水から煮るのではなく、煮立たせた湯のなかに昆布を投じるとある。つまり、戦前までだしといえばかつお節が主流で、合わせだしの取り方にもバリエーションがあったのだ。

ここで注目したいのは「煮出汁」という言葉だ。

調べるなかで気づいたのだが、明治から昭和四〇年代初めまでの料理書の多くが「煮出汁」という表現を使っている。厳密に使い分けられてはいないが、単にうま味のある液体を指すときは「だし」、煮てつくる場合は「煮出汁」が用いられることが多い。その使い分けが消えていくのは、昭和四〇年代に入ってからだ。一九六八年（昭和四三）刊『料理用語 食品辞典11』（河野友美編、真珠書院）では「ダシ（煮出汁）」と記されている。ちょうどこの頃が、言葉が切り替わる過渡期だったのだろう。

言葉が変わりゆく背後で、どんな変化が起きていたのか。そこに合わせだしが一般化したヒントが何やらありそうな気がする。

「だしの素」の登場と反動

手元に『味噌汁三百六十五日』（婦人画報社）という本がある。この本は一九五九年（昭和三四）の刊行後、何度も版を重ね、私が持っているのは一九七〇年（昭和四五）に出された新版だ。著者は、京都の懐石料理の名店「辻留《つじとめ》」店主の辻嘉一《かいち》。牛乳仕立てのトマトとハムの洋風みそ汁なんてものも登場し、書名通りバラエティに富んだみそ汁百科だ。

本ではだしについても当然、詳しく解説している。材料のよし悪しをひとしきり説いた後、最初に登場するのは、かつお節と昆布のだしだ。作り方を鍋の温度と時間のグラフつきで細かく示し、「鍋のそばを離れては、とうていよい出し汁はとれない」となかなかに厳しい。

図1-6　辻嘉一著『味噌汁三百六十五日』（婦人画報社）。

一九六五年（昭和四〇）にも似たタイトルの『味噌汁と漬物３６５日』（講談社）という本が出版されている。こちらの著者は大阪で割烹《かっぽう》料理を学び、料理学校を開いた土井勝《まさる》だ。先述の土井善晴の父で、「おふくろの味」を広めたとされる人物である。父のほうは息子とは異なり、「汁もの用の煮出汁として最も基礎になるもの」として、合わせだしの取り方を最初に紹介している。

辻は京都の懐石料理、土井は大阪の割烹料理と、二人の出自が合わせだしを基本とする関西の料理屋だったことは注目に値する。おまけに二人は、NHKの料理番組『きょうの料理』の花形講師であり、その影響力は絶大だった。

同番組がスタートしたのは一九五七年（昭和三二）のことだ。さらに昭和三〇年代半ばには民放各社でも次々と料理番組が登場し、料理学校も盛況を呈した。

一九六一年（昭和三六）二月一七日の朝日新聞夕刊には「大ばやりの料理学校　目立つ主婦の生徒さん」との見出し記事がある。「家庭電化などによる余暇を利用してのいじらしさか、食生活の〝改善〟を目ざす顔はいずれも真剣そのもの」と書かれ、魚菜《ぎょさい》学園と思しき東京・自由が丘の料理学校が、割烹着やエプロン姿の女性たちでにぎわう様子が写し取られている。

折しも時代は高度成長期。専業主婦率は、一九七五年（昭和五〇）のピークに向かって右肩上がりだった。生活に余裕が生まれ、メディアやリアルでプロから料理を学ぶことが広まり、そのなかで〝正しい〟だしの取り方、つまり合わせだしのレシピは浸透していったのだ。

しかし毎日、違う料理で食卓を飾ろうとするのは誰であろうとも大変である。先の『味噌汁三百六十五日』には「来る日も来る日も、豆腐、わかめ、玉葱《たまねぎ》、千六本大根の繰返しでは、味噌汁は不味《まず》いものだと不評判になるのも無理からぬこと」とあり、みそ汁のレパートリーを増やすように諭される。それは、台所を切り盛りする当時の女性たちに、大きなプレッシャーを与えたにちがいない。だからこそ、逆の力学も働いた。手軽にみそ汁がつくれる粉末の「だしの素」のヒットである。

一九六四年（昭和三九）にシマヤ商店（現・シマヤ）がかつお節ベースのだしの素を売り出すと、一九六九年には東洋水産、ヤマキが相次いで同様の商品を発売。さらに、うまみ調味料のパイオニアである味の素が一九七〇年（昭和四五）に「ほんだし」を引っ提げて参戦し、市場がにわかに活気づいた。

図1-7　味の素が1970年に発売した「ほんだし」。

一九六九年（昭和四四）四月二四日の朝日新聞朝刊には「売れ行き伸びるだしの素」という記事があり、「手軽で味もまずまず」と評価されている。かと思えば、三年しか経っていない一九七二年一〇月一二日の同紙朝刊から「だし再考」という記事が八回にわたって連載されていた。

連載の趣旨はインスタントの粉末だしを多用せず、本来のだしを見直そうというもの。初回には「天然のものが一番」という見出しが躍り、かつお節と昆布でだしを取るという二人の主婦が登場する。そのうちの一人は「化学調味料はおまじないみたいに習慣でパッパッとやっていた」不精《ぶしょう》な自分を反省。「化学調味料の使いすぎがさわがれてから、そのビンをすっかり片づけ」、朝早めに起きて時間をかけてだしを取るようになったと語る。一〇月一四日の三回目では先述の辻が登場し、だしの取り方を披露しながら、『味噌汁三百六十五日』より「全神経の傾倒というのが大切な眼目《がんもく》なのでありまして、投げやりな、惰性的な料理法からは、決しておいしいものは生れないのであります」という一節が引用されている。だしの素が一気に広まった反動も起きていたのだ。

新しいテレビというメディアの力も借り、戦後のわずかな間に浸透した〝正しい〟だしの取り方。それがだしの素の登場によって、さらに絶対視されていく。だしをめぐる「天然素材かインスタントか」の構図はこうして生まれ、人々は今もその間で揺れ動き続けている。

本当は和食じゃなかった

昨今のだしブームの背景には、二〇〇〇年（平成一二）以降に「UMAMI」の国際的な認知度が高まったことがある。フレンチの有名シェフがだしに注目し、アメリカのロサンゼルスでは二〇〇九年にウマミバーガーなるものが登場した。牛肉やチーズ、トマト、マッシュルームなどのうま味が豊富な食材に昆布や干ししいたけ、醤油など独自開発の調味料を合わせたバーガーが話題を呼び、二〇一七年（平成二九）には日本上陸を果たしている。

さらに二〇一三（平成二五）年、「和食」がユネスコの無形文化遺産に登録されると、和食のベースであるだしを見直そうという機運は一層高まった。

登録に向けて動いたのは、京都の料理人たちだった。京都の老舗料亭「菊乃井《きくのい》」三代目主人で、二〇〇四年（平成一六）に日本料理アカデミーを起《た》ちあげたことでも知られる村田吉弘《よしひろ》は、その中心人物の一人だ。登録が決まる前、村田は次のように意義を語っている。

「だしのうまみを中心に構成する日本の料理は、海外からみると変な料理なんや。グルタミン酸、イノシン酸、グアニル酸といった複数のうまみ成分を組み合わせると相乗効果で強くなる。だから油の量を減らしても満足度は同じくらいになる。日本のだしはカロリーがほとんどなくてヘルシー。世界遺産になったら世界の役に立つ[*13]」

だが、その道のりは決して順風満帆《じゅんぷうまんぱん》ではなかった。

京懐石「美濃吉《みのきち》」社長の佐竹力総《さたけりきふさ》が「フランス式とメキシコ式があると教わりました」と振り返っているように、申請には二つのアプローチがあった。[*14] フランス式は、具体的な料理を挙げるのではなく、親しい人々とともに時間をかけてゆっくり食事を楽しむ社会習慣を取りあげたもの。一方、メキシコ式は七〇〇〇年前から食べられてきた豆とトウモロコシとトウガラシを軸とした伝統料理を指す。

検討会では最初、京料理や茶席の懐石料理、あるいは酒宴の会席料理が候補に挙がった。[*15] つまり、メキシコ方式である。二回目の検討会では、さらに会席料理を中心とした日本料理に的《まと》が絞られていった。[*16]

しかし、そこでひと騒動が持ちあがった。登録に向けた検討会を重ねていた二〇一一年(平成二三)一一月、先に申請をしていた韓国の「李朝《りちょう》の宮廷料理」が却下されたのである。主な理由は、宮廷料理はハイカルチャーであり、広く社会の習慣として根づいていないからというものだった。ならば、会席料理も同じ理由で落とされるのではないか。関係者の間で不安が広がるなかで急遽浮上してきたのが、日常的な和の食事を表す「和食」だった。

調理師学校校長の服部幸應《ゆきお》はその一件について「〝一汁三菜〟という形式がありますが、

普段日常的に食べられているものをわれわれの食文化として〝和食〟としたらいいじゃないか。バランスのいい食生活という部分から見て、お米を中心に組み立てられている食事。お米とお吸い物またはおみをつけ、それプラス3つのおかず、これが形としてなかなかいいのではないかということになりました」と述べている。[*17]

かくして高級料理の「会席料理」から大衆的な食習慣を指す「和食」へと、フランス式に方向転換し、二〇一二年（平成二四）三月の申請に滑り込んだ。

京都の料亭「瓢亭《ひょうてい》」一四代当主・髙橋英一《えいいち》氏が「韓国も宮廷料理で遺産登録を申請したことを知り、先を越されたかとの思いで少しあせりました」[*18]と振り返っているように、なんとしてでも予定通り申請したいという思惑も働いたのだろう。村田は、申請前のギリギリになってお雑煮やおせち料理など正月の料理をつけ足したことが効を奏したとテレビのインタビューに答

図1-8　2013年に「和食」の無形文化遺産への登録を記念してつくられた「太巻き祭りずし」。（写真：共同通信社提供）

えている。[19]

なお韓国は、日本と同年にあらためて「キムジャン（キムチづくり）」で申請を行い、登録を果たした。

一汁三菜は伝統か

農林水産省のサイトで、あらためて登録された「和食」の解説をみてみよう。正式名称は「和食；日本人の伝統的な食文化―正月を例として―」である。さらに和食の特徴として次の四つを挙げている。[20]

一、多様で新鮮な食材とその持ち味の尊重
二、健康的な食生活を支える栄養バランス
三、自然の美しさや季節の移ろいの表現
四、正月などの年中行事との密接な関わり

なんとも幅が広く抽象的だ。解説には、日本の食文化は「表情豊かな自然」や「自然の美しさや四季の移ろい」を活かし、「年中行事」と密接に関わって育まれてきたとあるが、それは何も日本に限った話ではない。かろうじて次の二番の解説だけがやや具体的だ。

「一汁三菜を基本とする日本の食事スタイルは理想的な栄養バランスと言われています。また、『うま味』を上手に使うことによって動物性油脂の少ない食生活を実現しており、日本人の長寿や肥満防止に役立っています」

一汁三菜はたしかに日本らしい食事に思える。だが、伝統的な大衆の食事かといえば疑問符がつく。

一汁三菜の起源は室町時代、武家のもてなし料理として生まれた本膳《ほんぜん》料理にさかのぼる。その後、茶の湯の懐石料理、江戸時代の料理屋の会席料理に引き継がれた。つまり、特別な食事の形式だったのである。江戸時代は庶民だけでなく、大名でも一汁一菜か一菜が日常的だった。

カタジーナ・チフィエルトカ、安原美帆《やすはらみほ》著『秘められた和食史』（新泉社、二〇一六年）は「和食」の意味の変遷を丹念に追った点で注目に値するが、現在のような一汁三菜の原型についても興味深い指摘をしている。庶民的な一汁三菜の形式が現れるのは、家庭よりも先に昭和初期の百貨店の食堂だったという。食堂では、洋定食のコースと対《つい》で一汁三菜の和定食が出されていたのである。

さらにそれが日常食として家庭に定着した時期となると、「日本型食生活」として注目された昭和五〇年代まで下る。[*21]

日本食文化史を専門とする江原絢子《えはらあやこ》は「この基本形は、主食を大量に食べていた時代は、栄養的なバランスがよいとは言えませんでしたが、1970~80年頃、米の摂取量が適度に減り、乳製品などが加わることで、油脂が少なく栄養的なバランスが取りやすい基本形として注目されました」と述べている。[*22]つまり、高度成長を経た豊かさのなかで実現された食事形式だったのである。

思えば、合わせだしも本来は料理屋の味で、家庭に広まったのは戦後だった。伝統というと、あたかも遠い昔から変わらない営みのように思えるが、その内実はすこぶる流動的なのだ。

和食の系譜に連なる「無限レシピ」

明治時代に生まれ、一〇〇年以上にわたって使われ続けてきたうま味調味料が、伝統といわれることは決してない。一方、一部の地域や階層に受け継がれてきたものが、いつしか国全体の伝統として流布していく。伝統には、見せたい姿がいつも投影されているのかもしれない。

いずれにしても、日本人は総じてうま味好きだということだ。いや、うま味は人体にとってもともと生理的に好ましいものであるから、うま味がはっきりと感じられる料理が好きというべきか。

無限に食べられるほどおいしい、というふれこみで広まった「無限」を冠したレシピも、そんな日本的な好みが反映されている。

無限キャベツに無限もやし。元祖は、二〇一六年（平成二八）にSNSで話題になった「無限ピーマン」だ。二〇一八年には東洋水産が「パリパリ無限シリーズ」と銘打って粉末調味料を売り出すほど、そのネーミングはまたたくまに浸透した。

無限レシピは材料が少なく、レンチンなどで簡単にできるのがポイントだ。味の基本的な構成要素は、うま味と塩味と油である。味の素や顆粒の鶏ガラだし、めんつゆや白だしといったうま味系の調味料に、ごま油やオリーブ油など香りのある油を用いることが多い。油が入っているところは現代的だが、野菜にうま味を合わせて短時間で調理するのは、いかにも日本らしいうま味使いなのである。

欧米の料理は、うま味をとくに意識することなくその味を享受してきた。グルタミン酸を多く含む野菜とイノシン酸を含む肉をじっくり煮込むことで、知らず知らずのうちにうま味の相乗効果を引き出してきた。

他方、動物性タンパク質に乏しい日本では昆布やかつお節など、うま味のもとをあらかじめ時間をかけてつくりあげる手法が発達した。それらをさっと加熱してうま味を引き出し、食材に加えて料理を完成させる。これまで述べてきたようにうま味を意識的に使うことで、食事の満足度を高めてきた歴史がある。

伝統的とされるだしのきいたお吸いものと、ＳＮＳから誕生した今どきの無限レシピ。異なるようでいて、どちらもうま味を重視してきた日本の食文化に連なる一品には変わりないのだ。

第二章 【塩味】「自然塩」幻想と「減塩」圧力

ご当地塩の爆増と塩スイーツ旋風

すしに天ぷら、とんかつ。いつの頃からか「塩で召しあがってみてください」という店が増えた。私が行くとんかつ屋でもイギリスの海塩《かいえん》やパキスタンの岩塩《がんえん》、能登《のと》の天日塩《てんぴじお》など数種の塩がある。味の違いはなんとなく丸みがあるな、すっと溶けてシャープな味だな、ぐらいにしか感じないが、そこには選べる楽しさがある。

では「塩で食べる」が飲食店で流行り出したのはいつ頃からだろうか。調べてみると、二〇〇一年（平成一三）から二〇〇二年にかけていくつかの記事がみつかった。[*1]

その一つ、日経流通新聞二〇〇一年五月二二日の「塩で召し上がれ」と題した記事では、「塩にこだわる飲食店が増えてきた」ことを伝えている。第一の要因は、一九九七年（平成九）の専売制廃止から四年経ち、さまざまな種類が手に入りやすくなったこと。さらに流通革命によって食材の鮮度が向上したことも、素材の持ち味をダイレクトに楽しめる塩への注目につながったと分析している。

塩にこだわる店のほとんどが、「〇〇産の岩塩」などと塩の産地を明らかにしている。先のとんかつ屋では、塩の味を丁寧に解説した説明書きが壁に貼られていて、それを読みながら料理が出てくるのを待つ。思えば、我が家の台所にはお土産でもらったもの、旅先

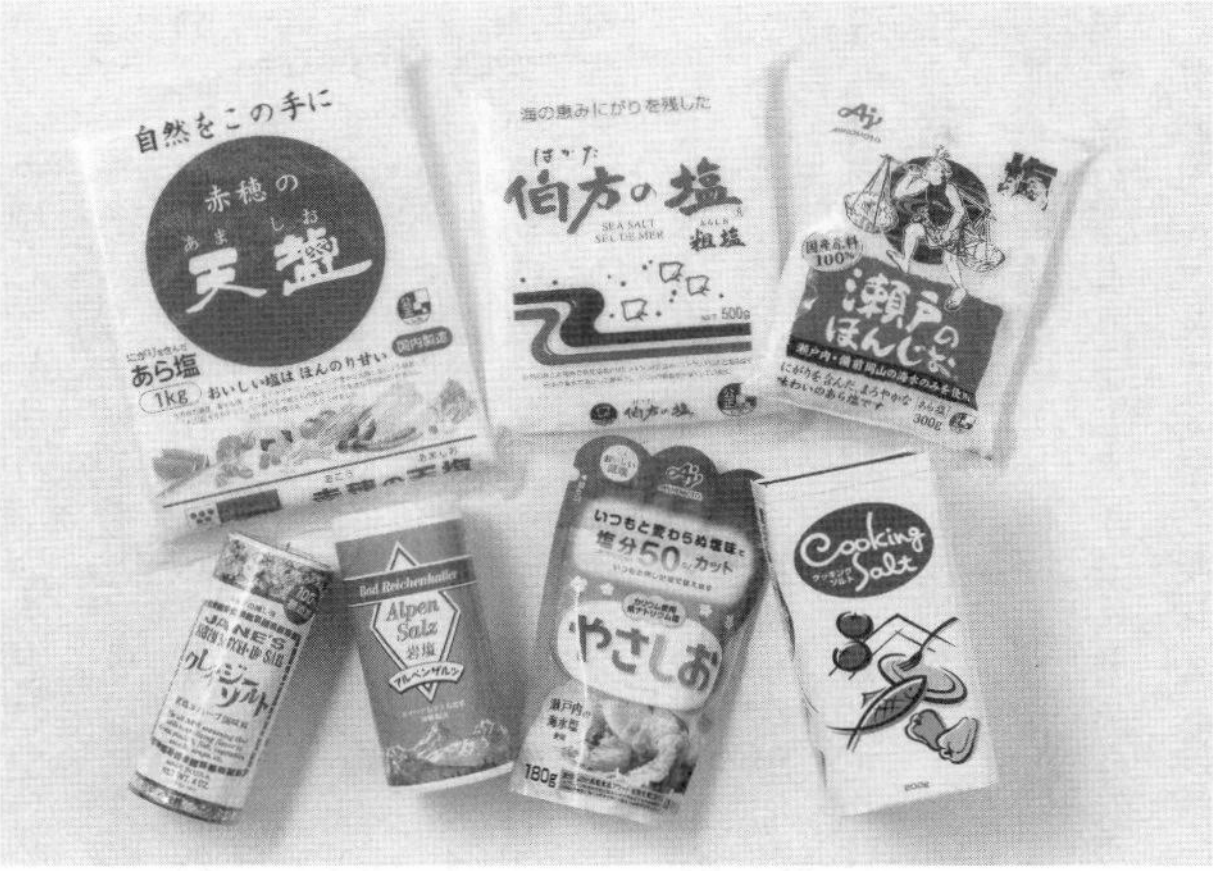

図2-1　現在、スーパーで販売されている多様な塩。

で買ったものなど常時二、三種類の塩のストックがあるが、それらの商品名は必ずといっていいほど土地の名を冠している。

日本は海に囲まれた島国だけあって、塩をつくる海水にはこと欠かない。地域振興のかけ声も後押しとなり、北海道から沖縄まで日本各地の海辺や島嶼《とうしょ》部で、塩がつくられるようになった。あわせて輸入業者も急増し、専売制廃止から一〇年経った二〇〇七年（平成一九）時点では、推定で一五〇〇種類以上の塩が市場に出回るまでに成長した。[*2]

物語を感じさせるものに人は弱い。「〇〇産の岩塩です」と遠い異国の地名を出されると、客はまだ見ぬ風景を思い浮かべ、ロマンを感じてしまう。店もどれだけ吟味したかにかかわらず、一律にこだわりを演出できてしまう。ひと味違う塩であることを伝えたいとき、地名は手っ取り早い差別化のための記号なのだ。そんな味わう側と、話題をつくりたい側との欲望が一致して、選びきれないほどの塩が巷に溢れている。

それは、幾度となく到来する〝塩もの〟ブームにも共通する。塩の種類が飽和状態になったあと、今度は他の素材との掛け合わせで食のトレンドをにぎわすようになった。

その最初は塩スイーツブームだ。二〇〇七年（平成一九）に登場したゲランド海塩を使ったフランスの塩キャラメルが話題になると、いっせいに塩スイーツ旋風が巻き起こった。

もともと日本では、塩大福や塩ようかんなど甘じょっぱいお菓子になじみがあった。そこへ洋風アレンジという目新しさが加わり、塩チョコや塩アイス、塩プリンなど、さまざまな塩スイーツが登場した。追って塩味の「八ツ橋」や「ちんすこう」が発売されるなど、和の銘菓にもブームは波及した。

二〇一一年（平成二三）には塩こうじ、二〇一四年に塩レモンと、手づくりできる調味料が続けてヒットした。二〇一五年には塩バターロールをはじめとした塩パンが流行し、いずれも消えずに定着している。

昨今は目立ったブームはないものの、ポテトチップスをはじめとしたスナック菓子では、「○○産の塩を使用」と明記された商品が売られている。地名を冠した塩のブランド力は今もって廃れていない。

専売制度に奪われた「選ぶ自由」

なぜ地名を冠した塩がこれほど売られているのだろうか。理由の一つとして考えられるのは、長く専売制度が敷かれ、選ぶ自由を奪われてきたことに対する反動だ。

塩は、台所になくてはならない調味料である。味つけはもちろん、食材の水分を引き出し、臭みを取り、色が変わるのを防ぐ。かまぼこやうどんの独特の食感を出すのにも塩は必須だ。防腐効果を活かして、干物や漬けものなどの保存食もつくられる。

味をつけるにしても、単に塩味が加わるというだけではない。どんなに丁寧に取っただしも、塩をひとつまみ加えないことにはおいしく感じられない。あんこを炊くときも、塩をほんの少し入れると甘みがぐっと立つ。塩は、味の輪郭を描く料理の要《かなめ》だ。

それほど味を左右するにもかかわらず、二〇世紀の終わりになるまでの一〇〇年近く、日本の台所では塩の選択肢が限られていた。

図2-2　日本専売公社時代から受け継がれている塩事業センターの「食卓塩」。

明治政府が日露戦争の財源確保のために、塩の専売に踏み切ったのは一九〇五年（明治三八）のことだ。実際にはたいした収入にはならなかったが、以後、生活必需品である塩の需給と価格の安定のために制度は継続された。

専売制度下の唯一の例外は、自給製塩制度が敷かれた第二次世界大戦末期の一九四四年（昭和一九）から戦後の一九四九年までのことだ。戦況の悪化で輸入が困難になり、空襲や石炭不足で国内生産もままならなくなったため、事業者でなくとも塩を生産、販売してよいという、なりふりかまわない政策が一時行われていたのだ。一九七四年（昭和四九）の石油ショックの折に塩がなくなるという噂が立ち、買い占めパニックが起きたのも、戦中の苦い記憶がまだ残っていたからだろう。

一九四九年（昭和二四）に専売法が改正され、大蔵省専売局直営だったタバコと塩の専売事業は、新たに設立された日本専売公社へ引き継がれることになった。専売公社は一九八五年（昭和六〇）に日本たばこ産業株式会社として民営化されるが、塩の専売事業は同社によって変わらず継続された。体制が切り替わるなか、その是非が何度も問われながらも塩の専売制は一九九七年（平成九）まで続いた。さらに経過措置期間を経て、完全自由化されたのは二〇〇二年（平成一四）になってからだ。

専売制が廃止されると、輸入岩塩や国産の新しい塩が続々と売り場に現れ、デパートには塩コーナーも設けられた。当時の雑誌には、新登場した塩の数々を紹介する記事が掲載されている。[*3]なかでも目を引いたのが、『SPA!』一九九八年（平成一〇）八月二六日号の「さらば塩化ナトリウム。今、時代は純天然塩《じゅんてんねんえん》！」という見出しだ。

塩化ナトリウムとはいわゆる塩のことだ。だが、誌面では専売公社が編み出した塩化ナトリウムの純度が高い食塩を指している。対して、純天然塩は「海水のミネラルを含んだ微妙な味わいの塩」で、専売制が廃止された今、「純天然の自然塩が国産、輸入物とともにブームなのだ！」と高らかに謳っている。

塩の知識があればツッコミどころ満載の表現ではあるのだが、いかにも人工的なものをイメージさせる「塩化ナトリウム」と「純天然の自然塩」との対比がすこぶるキャッチーだ。そしてこの「専売塩vs.自然塩」という二項対立にこそ、戦後の塩をめぐるすったもんだが凝縮されている。

農業的製塩業から工業生産へ

「専売塩vs.自然塩」の構図が生まれたのは、一九七一年（昭和四六）の大変革までさかのぼる。

同年に「塩業の整備及び近代化の促進に関する臨時措置法」が成立し、全国の塩田は観光用を除き、すべて廃止になることが決まった。国内の塩の生産は、イオン膜によって海水を濃縮する「イオン交換膜法」へ完全に移行することになったのだ。製造は七社に絞られ、二二〇〇ヘクタールの塩田がその年の暮れに一気に消滅した。

では、それまで日本ではどのように塩を製造してきたのだろうか。簡単に歴史を振り返ってみよう。

塩が権力者の管理下に置かれてきたこと自体は、世界的に見て珍しいことではない。塩は生命維持に欠かせないが、限られた土地でしか得られない貴重品だったからだ。しかも日本では岩塩や湖塩《こえん》が採《と》れない。わずかに塩泉《えんせん》を利用した例を除き、塩を得るためには海水からつくるしかなかった。今も全国各地に海辺から山里へと、塩を運ぶために踏み固め

図2-3　戦前まで主流だった入浜式塩田。（田中新吾、久保田美寿雄著『塩専売と内地塩業の将来に就て 近年に於ける内地塩業進歩の跡を視る』吉本元徳、1935年、国立国会図書館蔵）

られた「塩の道」の痕跡が残されている。内陸に暮らす人々にとって、塩の入手は死活問題だった。

では、海辺ならば簡単に塩が手に入ったかといえば、そうではない。まず塩田に必要な広大な平地が少ない。おまけに雨と湿気が多く、天日乾燥に向かない。そこで海水の水分を飛ばして濃縮した塩水（かん水）をつくり、それをさらに煮詰めて結晶化させるという、手間のかかる二段階式を基本としてきた。日本の塩業史は、いかに少ない労力で安価で良質な塩を得るかに骨を折ってきた歩みでもある。

江戸時代から主流になったのは、「入浜《いりはま》式塩田」でかん水をつくり、大きな鍋（平釜）

で煮詰める方法だった。入浜式塩田は潮の満ち引きによって海水を浜に引き込み、海水の塩分を砂に付着させる方法だ。

以来、長く技術革新は起きなかったが、昭和に入って真空状態でかん水を結晶化させる立釜《たてがま》が登場した。さらに戦後、入浜式塩田が「流下式塩田《りゅうかえんでん》」へと切り替わった。流下式塩田は「流下盤」と呼ばれる緩い傾斜をつけた水路と、竹で組んだやぐら「枝条架《しじょうか》」という二つの装置に海水を流し、太陽熱と風の力で水分を蒸発させる方法だ。これにより、人々は人力で砂をかき集める重労働からようやく解放された。

省力化はされたものの、天候に左右されることには変わりなかった。しかも世間では「合理化が遅れているため、国民は外国産塩より高い塩を買わされている」「少数の塩業者保護のため、多額の専売赤字」を生んでいる（朝日新聞一九六八年四月一六日朝刊）といった根強い批判の声があった。慢性的な生産過剰にも陥るなか、不採算の塩田を整理し、輸入塩に対抗できる安い国産の塩を提供するための切り札がイオン交換膜法だったのである。こうして土地や自然エネルギーと結びついた農業的な製塩業は終わりを迎え、工場で管理される大量生産の時代に入った。

だが、思い切った方向転換はかえって人々の不安をかき立てる結果になった。なかでも表立って反発したのは、自然食の愛好者らだった。

「化学塩」対「自然塩」

大改革が断行されると、マスコミがこぞってこの問題を取りあげた。

読売新聞では「食品再点検」と題する連載で、一九七一年（昭和四六）六月五日、一二日（ともに朝刊）の二週にわたり、イオン交換膜法の塩に疑問を呈した。五日の記事では「工業優先の塩づくり」「ヨードやミネラルは？　コスト第一、健康二の次の声も」といった見出しが躍り、塩業の近代化の流れを追いながら、国民の議論なくして政策が進められたことを批判。「自然食主義者」らの強い反対が起きていることを報じている。

一二日の記事では「薬品と化した食塩」「純度99・8％のNaCl　風味ゼロ」「健康への影響心配」との見出しで、純度の高いイオン交換膜法の塩にはカルシウム、マグネシウム、カリウムといったミネラルが含まれていないことを問題視し、「食塩はただ塩からいだけの物質になった」と断じている。あわせて、食糧産業研究所・川島四郎の「これでは〝食塩をふりかける〟のではなくて〝塩化ナトリウムをふりかける〟というムードだ。食塩は、食品ではなくて、化学薬品になってしまった」とのコメントも掲載した。

こうした指摘が積み重なり、イオン交換膜法によって製造される専売公社の食塩はいつしか批判を込めて「塩化ナトリウム」と呼ばれるようになった。さらに「自然食主義者」らは、塩田でつくられてきたこれまでの塩を「自然塩」、対して専売公社の塩を「化学塩」と呼び、反対運動を展開していった。

運動の中心となったのは、愛媛県松山市の有志を中心に同年結成された「食塩の品質を守る会」（のちに自然塩を守る会、日本自然塩普及会へ改称）だ。年末に姿を消すことが決まっている塩田の存続を求めて五万人の署名を集め、運動は全国に波及していった。

結局、訴えは届かなかったが、騒動は思わぬ妥協点を見出して沈静化した。

一九七二年（昭和四七）、専売制が扱う輸入原塩に添加物を加えて再製加工したものを「特殊用塩」として販売するのは可能だという見解を公社が示したのだ。従来のように海水から塩をつくることはまかりならないが、専売公社が輸入した塩に、ニガリなどを加えた特殊な塩を製造して売ってもよいというお達しである。

翌一九七三年（昭和四八）、日本自然塩普及会はさっそく愛媛県松山市に伯方《はかた》塩業を設立し、「伯方の塩」を発売。同じ時期、兵庫県の赤穂《あこう》東浜塩業組合を前身とする赤穂化成からは「赤穂の天塩《あましお》」がリリースされた。どちらも専売公社が輸入した天日塩を原塩に使い、伯方の塩は原塩を日本の海水に溶かして再結晶化させたもので、赤穂の天塩は原塩に中国から輸入した塩田産のニガリを添加したものだった。

塩運動の陰にマクロビあり

興味深いことに、この二つの塩を世に送り出したキーパーソンは、ともに「マクロビオティック（マクロビ）」の実践者だった。

マクロビとは、戦前の一九三〇年代に桜沢如一《さくらざわゆきかず》が提唱した食養生法だ。白米や砂糖は避け、玄米を中心に野菜、海草、豆などを食べる穀菜食を実践する。化学肥料や添加物などを使わず、できるだけ自然に育てられた土地の作物を食べるのがモットーだ。

その一人とは日本自然塩普及会を率い、伯方塩業の創業に尽力した菅本《すがもと》フジ子である。伯方塩業の初代社長を務めた高岡正明の伝記『陽光桜　非戦の誓いを桜に託した、知られざる偉人の物語』（高橋玄著、集英社、二〇一五年）によれば、桜沢からマクロビを学んだ菅本は「正しい食事は宇宙の秩序、人間のあるべき姿に通じる」と説いていたという。なお、高岡もまたマクロビの実践者だったことをつけ加えておく。

もう一人は、赤穂の天塩の開発にかかわった谷克彦だ。その著書『塩　いのちは海から』

(マルジュ社、一九八一年)の冒頭では、二〇代でマクロビに出会った経緯が綴られている。寝る間を惜しんで勉学に励んでいたとき、玄米食を試したのをきっかけに研究者として食生活改善に携わろうと決意したという。

運動が始まった最初のうち、谷は菅本と志を同じくしていたが、途中から日本自然塩普及会と距離をおくようになった。そして一九七二年(昭和四七)、学者らとともに伝統的な海塩の復活を目指して「食用塩調査会」(のちに日本食用塩研究会へ改称)を結成。研究を名目に伊豆大島の製塩試験場で、太陽や風の力だけで海水から塩をつくる完全天日製塩の試作に取り組んだ。その成果が、一九八〇年(昭和五五)から会員配布という形で流通することになった「海の精」(現在は海の精株式会社が製造)である。

日本食用塩研究会発行の冊子『海の精を求めて　塩運動二〇年の歩みと今後の展望』(一九九〇年)を読むと、自然塩運動にはマクロビの普及団体「日本CI協会」が最初から深くかかわっていたことがわかる。マクロビ実践者からすれば、国内でイオン交換膜法の塩しか手に入らないというのは、由々しき事態だったにちがいない。おまけに当時は添加物や汚染などの食品公害が多発し、消費者運動が活発になっていた。

マクロビ実践者らの強いリーダーシップと工業化に不信感を抱く消費者の声とが重なり

合って誕生したもの――それが「自然塩」という名の、加工を施した特殊な塩だった。

「自然塩」を支えた〝神話〟

「自然塩」が登場した翌一九七四年（昭和四九）、専売公社は「つけもの塩」の販売を東京で試験的に始めた（現在も販売）。精製度の高い専売公社の塩は漬けものがよくつからない、サラサラしすぎて塩だけ沈んでしまうと家庭の主婦に評判が悪かった。[*4] そこで、ニガリに含まれる塩化マグネシウム、塩化カルシウムのほか、クエン酸やリンゴ酸を添加した大粒の塩を開発したのだ。

一九七五年（昭和五〇）二月一二日の読売新聞朝刊には、つけもの塩の評判を追った記事が掲載されている。[*5] 紙面には次のような三〇代主婦の投稿が寄せられていた。

「専売公社の塩の新製品である添加物入りの『つけもの塩』をつかったら、つけ物がとてもおいしかった。やはり、ニガリ分のはいった自然塩でつけ物をつけるとおいしい、という〝神話〟は、本当だったのだなと思った」

記事ではこの主婦の実感に対し、微量のニガリ分が漬けものをおいしくする事実は認められないという専門家の意見を引き、その効果に疑問を呈している。とはいえ、この投稿のように「精製塩でつけ物をつけると、塩からいばかりでつけ物にコクがないという〝神話〟は根強」かった。ニガリ分を添加した「自然塩」が「公社発売の食塩の二—六倍の価格であるにもかかわらず、年間ざっと六百トンがさばけている」ほどの人気だった。

「自然塩」市場は、その後も自然食ブームに乗って拡大を続けた。

とくに特殊用塩の製造が届け出制へと緩和された一九八五年（昭和六〇）以降、製造業者が乱立した。一九八七年一二月二日の読売新聞夕刊には「〝自然塩〟ブームで泥仕合過熱」という記事がある。当時、約一一〇社二〇〇種類の〝自然塩〟がスーパーやデパートに並び、競合他社に対して中傷じみた広告が相次ぐ事態が発生していた。

一九八八年（昭和六三）には大手メーカーの味の素が市場に参入。もっとも発売された「瀬戸のほんじお」の原料は輸入の塩田塩ではなく、イオン交換膜法の「専売塩」にニガリを添加したものだったが、これも「自然塩」のくくりで受けとめられた。*6

あのグルメ漫画も参戦した論争

はたして「専売塩」と「自然塩」とで違いはあるのか。のちに海の精のような完全天日塩も加わって、そんな疑問がしばしば議論を呼んだ。

商品テストで有名な『暮しの手帖』もこの問題を取りあげている。第二世紀八一号（一九八二年）では「専売公社の塩といわゆる自然塩」と題し、「専売塩」と「自然塩」（伯方の塩、赤穂の天塩、シママース）との味を比較した。結論としては、サラサラとした「専売塩」としっとりとした「自然塩」で使い勝手の差はあるものの、味の差は微妙だとしている。また、塩に含まれているカルシウムやマグネシウムは「ごくごく微量」で、わずかな違いのミネラルを気にするのは「木を見て森を見ず」だとしている。

完全天日塩に軍配を上げたのは、グルメ漫画の金字塔『美味しんぼ』（原作・雁屋哲、作画・花咲アキラ、小学館）だ。

三三巻の第二話「塩梅〈後編〉」（一九九二年）では、山岡がすし職人らを連れて、高知県で天日製塩を行う「生命と塩の会」を訪ねるエピソードがある。なお同会は、前述の日本食用塩研究会の製塩試験場で学んだあとに設立された会で、「海の精」と同じように会員制配布を行っていた。

山岡は製塩場を歩きながら、ひとしきり日本の塩業史を解説したあと、同会の「自然塩」とイオン交換膜法でつくられた専売公社の食卓塩とを同行者に食べくらべしてもらう。一同は「自然塩」を舐めて「柔らかな味」「ふくらみがあって、甘ささえ感じる」などと

図2-4　『美味しんぼ』（原作・雁屋哲、作画・花咲アキラ、小学館）33巻の第2話「塩梅」より。

褒めた一方、食卓塩を口に含んだ途端に「きつい」「塩辛い」と顔をしかめる。そこで山岡は「現在の効率第一主義の電気化学的製法が、日本の塩をこんな味にしてしまったんだ」と嘆く。

山岡は、特殊用塩として市販されている「自然塩」に対しても鋭く批判する。「多くは外国から輸入した工業用の塩を生成して、微量成分やミネラルなどを添加して、自然塩に近づけたもの」で、「塩らしい塩をなんとか食べたいという熱意の表われだろうけど、自然塩と呼ぶのは無理があるね」と苦言を呈している。

実際のところ、どれだけニガリ分が味を左右するかはわからない。

『塩入門（食品知識ミニブックスシリーズ）』（尾方昇著、日本食糧新聞社、二〇一一年）によれば、明治時代にはニガリ分が少ない「真塩《ましお》」と、ニガリをかけてかさ増しした「差塩《さしじお》」

とがあり、大部分が塩分濃度七〇~七五%の純度が低いべとべとの塩だったという。それだけに買ってきたら塩の下に容器を置き、垂れてくるニガリを除く「ニガリ抜き」をしないと使えなかった。純度の高い真塩は貴重な高級品だったのである。

近代製塩業は、海水からいかに高純度の塩化ナトリウムを取り出すかが課題だった。そのために技術改良を重ねてきた結果、今度は逆にその純度の高さが問題になってしまったのだ。

しかもそれはほんのわずかな違いである。一九九四年(平成六)時点で販売されていた主な塩の成分を、北海道消費者センターがテストした記事がある(『たしかな目』一九九四年九月号)。それによれば、「海の精」の八五・三%を除き、いわゆる「自然塩」と呼ばれている再生加工塩はいずれも九〇~九六%台の高い純度だった。たった数パーセントの違いをどれだけ舌が見極められるかは甚だあやしい。*7

前掲の『塩入門』では、おいしいとされる「丸い塩」と、まずいとされる「角のある塩」との違いは、結晶の溶ける速度や表面にあるニガリなどの膜の有無だとしている。精製度の高い塩は、塩化ナトリウムのピリッとした塩辛さが直接舌にふれ、角があるように感じられる。一方、岩塩など溶ける速度が遅いものは、やや甘く感じられる。ニガリなどの膜がある場合も、表面に塩化ナトリウムが露出していないため、塩角《しおかど》を感じない。ただし煮炊きによって表面が溶けると、塩角の有無は関係なくなるという。

この見解が妥当なところではないかと思うが、〝神話〟は予想以上にしぶとかった。専売制廃止が見込まれていた一九九五年（平成七）ともなると、「自然塩」人気の反映から巷に出回る「特殊用塩」の数は六〇〇種ほどまでに増えていたのである。*8

日本人は塩分を摂りすぎか？

「専売塩vs.自然塩」の議論が続くなか、その根底を揺るがす新たな強敵がじわじわと存在感を増していた。近年ではすっかり定着した減塩商品である。

塩は、生命維持に必要なミネラルを補給するのに欠かせない。だが、塩分の摂《と》りすぎは、脳卒中や心臓病などを引き起こす高血圧のリスクを高めることがよく知られている。ややこしいのは、塩分が血圧に及ぼす影響は個人差があり、塩分の過剰摂取と高血圧との関係は今も解明途上にあることだ。本書ではその是非ではなく、減塩の大合唱がいかにして巻き起こったかを追ってみたい。

現在、日本人の食塩摂取量は男性が一〇・九グラム、女性が九・三グラム（令和元年国民

図2-5　日本人の食塩摂取量（1日1人当たり）

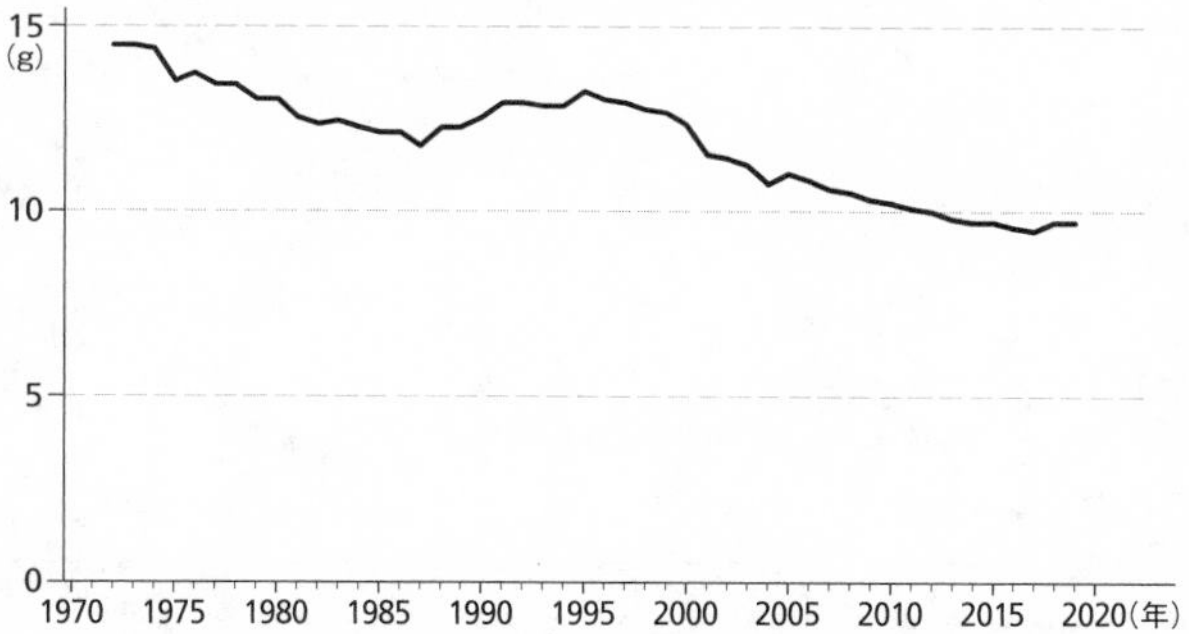

出典：厚生労働省「国民健康・栄養調査」

健康・栄養調査）[*9]。対して厚生労働省による一日の食塩摂取目標量は男性が七・五グラム未満、女性が六・五グラム未満だ。WHO（世界保健機関）では一日五グラム未満を推奨していることから、世界的にみて日本人は塩を摂りすぎだとよくいわれる。その理由としては、醤油やみそなどの塩分を多く含む調味料が多いこと、漬けものや干物など塩を使った食品保存が伝統的に行われてきたことなど、食習慣の影響が指摘されている。

日本で食塩摂取量と脳卒中との関係が注目されるようになったのは、二〇世紀半ばのことだ。先駆けとなったのは、東北大学の近藤正二《しょうじ》博士が一九五二年（昭和二七）に発表した論文だった[*10]。

近藤は全国をまわって各地の気候、仕事や日常生活、食習慣を聞き取り調査し、寿命との関連を

図2-6　世界各地の高血圧の頻度と食塩摂取量

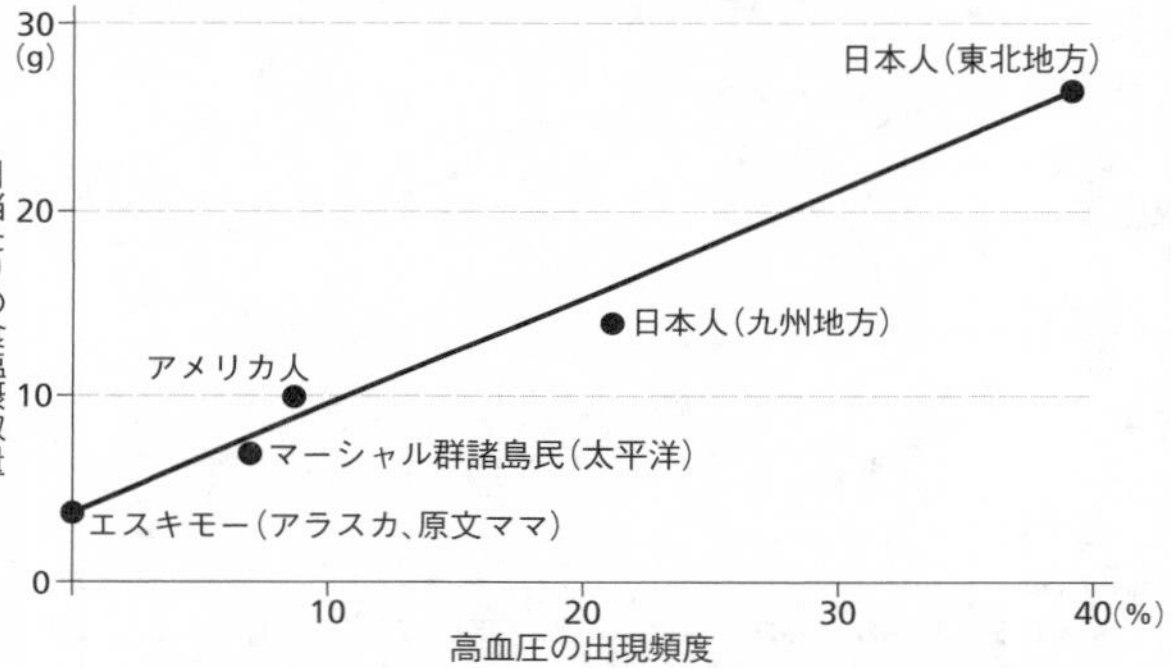

出典：Meneely G.R. and Dahl L.K. : Med Clin North Am 1961; 45

考察した。一九七二年（昭和四七）刊行の『日本の長寿村・短命村』（サンロード出版）は長年の調査について語り下ろしたもので、ロングセラーとなった知る人ぞ知る一冊だ。それによると、一九三五年（昭和一〇）から短命の村を探しては歩き、三六年間でまわったのは九九〇カ町村。最初は重労働やどぶろくの酒量が短命の要因ではないかと疑っていたが、全国で一番寿命の短かった秋田県の短命村に共通していたのが、塩辛い漬けもので大量の米を食べていることだった。俗に「一升めし」と呼ばれていた偏食が塩分の過剰摂取につながり、脳出血を招いていると結論づけた。

一九六一年（昭和三六）に発表されたアメリカのダール博士による疫学調査[*11]も、日本人に強く減塩を意識させるきっかけとなった。

その調査とは、世界各地の高血圧の頻度と食塩の摂取量との関係を調べたものだ。アラスカのエスキモー（原文ママ）、太平洋のマーシャル群諸島民、アメリカ人、日本の九州地方と東北地方の住民を比較したところ、もっとも多く食塩を摂取している東北地方で高血圧の出現頻度がもっとも高かった。また、食塩の摂取量が少なくなるにしたがって出現頻度が低いという結果が明らかになった。しかも調査結果では当時、アメリカ人の食塩摂取量が一〇グラムほどであるのに対し、東北の人は三〇グラム近くもあったのである。

減塩しないと、早死にしてしまうかもしれない――。高度成長期を迎え、空腹を満たすために食べる時代から、健康を気にして食べる時代へと移り変わるなか、減塩に対する意識が徐々に芽生えてきたのだった。

成人病予防のターゲットに

高度成長期は、国の保健政策が成人病予防へと舵を切った時代でもある。

成人病という言葉は、脳卒中やがん、心臓病、それにあとから加わった糖尿病といった中年以降に発症しやすい病気の総称として昭和三〇年代から使われ始め、一九九六年（平成八）から生活習慣病へと呼び替えられた。[*12] 成人病予防として格好のターゲットの一つとなったのが、数値としてわかりやすい食塩摂取量だった。

国民栄養調査（現・国民健康・栄養調査）のデータで食塩摂取量を確認できるのは、一九七二年（昭和四七）からである。一九七九年に改定された「日本人の栄養所要量」では、一日の食塩の適正摂取量が一日一〇グラム以下と初めて盛り込まれた。ちなみに同年の国民栄養調査の食塩摂取量は一三・一グラムだった。

同年二月に放送されたNHKの『きょうの料理』では初めて成人病の食事を特集した。監修にあたったのは当時、聖路加《せいるか》看護大学の学長を務め、生活習慣病という名称の提唱者の一人である日野原重明《しげあき》だ。その初回が「高血圧の人のために」と題する減塩テクニックの紹介だった。その反響は大きく、テキストは一〇〇万部を超えるヒットを記録した。

減塩商品に注目が集まるようになったのも同じ頃だ。

一九八〇年（昭和五五）五月一五日の読売新聞朝刊には「低塩 低糖を売る商品増える」と題する記事がある。塩分や糖分を減らした商品が増えるなか、「低塩」「減塩」「塩分ひかえめ」「うす塩」「あさ塩」など表示がまちまちで、基準がないことを問題視している。

減塩商品の歴史は、醬油から始まった。先駆けは、群馬県館林《たてばやし》の正田《しょうだ》醬油が一九六三年（昭和三八）に発売した「保健しょうゆ キッコーショーヘルシー」だ。業界大手のキッコーマンも一九六五年に「保健しょうゆ」を発売し、二年後に「減塩しょうゆ」と改称した。最初のうちは醬油やみそなどの調味料が中心だったが、一九八〇年前後から加工食品にも広がってきた。一風変わった商品名で話題になったのは、一九七八年（昭和五三）に桃屋から発売された低塩、低糖をウリにしたのりのつくだ煮「江戸むらさき　お父さんがんばって！」だ。

塩分が多い梅干しも、この頃を境にどんどん塩分が下がっていった。同年の六月九日読売新聞朝刊には、「減塩梅干し作ってみませんか」と呼びかける記事が載っている。

どのくらい塩分を控えているかを確認する前に、最近の傾向にふれておこう。近頃の梅干しは塩分を控えたり、はちみつを加えたりして、「甘くなった」という声がよく聞かれる。その主流は、梅の重量の一五％程度の塩で漬けたものだ。減塩梅干しになると三〜一二％まで開きがあり、酢だけで漬けた塩分不使用の梅干しも売られている。「昔ながら」といわれるしょっぱい梅干しは、一八〜二〇％の塩で漬けたものを指すことが多い。

ところが、一九七八年の記事で減塩梅干しとして勧められているのは、なんと塩分二〇％のレシピである。紙面には、梅干しの塩分は「一般に三〇％以上ですが、二〇％におさえると梅特有の〝すっぱさ〟が出て、塩辛くないおいしいものになります」とあり、腐敗を防止するために土用干しを念入りにするようにアドバイスしている。

一九八三年（昭和五八）六月三〇日朝日新聞朝刊になると、「塩分一〇％が限度」とさらに半量もカット。「気をつけないとカビが生えやすいので、初めて漬ける人は一五％にした方が無難かと思います」とあり、おそらく一五％が最終的な落としどころとして定着したのだろう。

かつての減塩梅干しは、今の「昔ながら」のしょっぱい梅干し。減塩は「慣れ」の問題だとよくいわれるが、長い時間をかけて人々の舌は塩分控えめに適応していったのだ。

追いつけ追い越せの減塩運動

減塩運動に際しては、ランキング好きな日本人の性格も功を奏した。国やメディアの旗振りに敏感に反応したのは、かねてから塩分摂取量が多いと指摘されていた北の地域だった。

先述の近藤に短命県と名指しされた秋田県は、昭和三〇年代からキッチンカーに栄養士が乗り込み各地で減塩指導をするなど、早くから減塩に取り組んできた。

一九七五年（昭和五〇）からは低塩キャンペーン「しょっぱくない食生活運動」、一九八

図2-7　2021年にリニューアルした秋田県「新・減塩音頭」。初代音頭は1985年に発表された。(写真：共同通信社提供)

〇年からは「北から低塩食生活改善運動」と大々的に運動を展開した。結果、一九五二年（昭和二七）に成人一日の平均食塩摂取量が二二・一グラムだったのが、二〇一六年（平成二八）には一〇・六グラムと大幅に減った。だが、全国平均九・九グラムを上回っていたため、以後も積極的な活動が続けられている。

そのほか長寿県と呼び声の高い長野県も、県全体で取り組んできた減塩運動の成功事例として有名だ。こうした減塩先進県に続けと、新潟県は二〇〇九年（平成二一）から一〇年にわたって「にいがた減塩ルネサンス運動」を展開。平均寿命と健康寿命に大きな開きがあった大分県も二〇一四年から「うま塩（減塩）プロジェクト」を推し進めるなど、減塩運動は現在も盛んである。

昨今は産学連携の動きも活発化している。先の大分県の「うま塩（減塩）プロジェクト」の目玉は、食塩相当量三グラム未満の食事を提供する外食、中食の事業者を「うま塩メニュー提供店」として登録する制度である。厚生労働省も二〇二二年（令和四）から産官学連携の活動「健康的で持続可能な食環境戦略イニシアチブ」をスタートさせ、その最重要課題として「食塩の過剰摂取」を挙げている。

一連の動きの背景には、イギリスの先進的な取り組みが念頭にあるのだろう。その取り組みとは、パンなどの加工食品の塩分を減らす目標値を国が設定。段階的に減らす方法をメーカーに提案し、国民に気づかれずにこっそり減塩に成功し、成果を上げた。

二〇一九年（令和元）現在、日本人の食塩摂取量は全国平均で一〇・一グラムである。一九七九年（昭和五四）の一日一三・一グラムから、四〇年かけて三グラム減った。現在の摂取量から目標量まで減らすには、あと三グラム程度の減塩が必要だ。個人の努力に限界がみえてきた昨今、今度は加工食品の「見えない塩分」にメスを入れようというわけだ。

さらなる摂取量の減少を目指し、減塩運動は新たなフェーズに入ったのである。

数グラムをめぐる塩の攻防

かつてあれほど世間を騒がせた「自然塩」という言葉は今、市場から撤退している。それというのも塩に関する表示ルールが二一世紀に入って、大きく整えられたからだ。

まず二〇〇三年（平成一五）、国民の健康維持と病気の予防、栄養改善を目的とした「健康増進法」の施行とともに栄養表示基準が定められた。この法律により、「減塩」「低塩」「塩分控えめ」といった強調表示に公的な基準が設けられた。

二〇〇八年（平成二〇）には業界の自主的なルールである食用塩公正競争規約が施行され、原材料名と製造工程が細かく記されるようになった。あわせて「自然塩」「天然塩」「ミネラル豊富」「昔ながら」「太古」など、消費者を惑わす曖昧な表現が禁じられている。

さらに二〇一五年（平成二七）には、これまでバラバラだった食品に関する法律（食品衛生法、JAS法、健康増進法）を一元化した食品表示法が施行された（二〇二〇年に経過措置期間が終了）。以降、これまで企業の努力義務で市販の加工食品に表示されていたナトリウム量は、食塩相当量に換算して表示することが義務づけられた。

どれだけの人が表示を確認し読み解いているかはさておき、現在はパッケージを見れば、かなりの情報が凝縮されて明記されている。最終判断は消費者に委ねられたのである。

昨今、日本で手に入る国内外の塩は四〇〇〇種類以上だという（青山志穂著『日本と世界の塩の図鑑』あさ出版、二〇一六年）。一方、一九八〇年代から充実してきた減塩商品の市場は現在も拡大の一途にある。富士経済によると、二〇一九年の減塩・無塩食品市場は約一三九三億円で、二〇一五年の約一一二五億円から二四％近く増え、堅調に成長している。[*13]

膨大な種類の塩に、増え続ける減塩商品。選べる自由が広がった結果、もはや何を選ぶのが正解かわからなくなっているのが現状ではないだろうか。

塩にまつわる逸話に、家康の側室だったお梶の方（英勝院）の話がある。

家康が「この世で一番うまいものは何か」と家臣たちと雑談していたときのことだ。側にいたお梶の方にも尋ねたところ、「塩」と答えた。理由は「塩がなければ、どのような料理もおいしくできないから」。さらに家康が「一番まずいものは何か」と訊くと、お梶の方はまたも「塩」だと答える。「どんなにおいしいものでも、塩を入れすぎたら食べられない」という答えに、一同は感服したという。

塩は、おいしく感じる濃度の範囲が狭いという特徴がある。少なすぎれば味が決まらず、多すぎればしょっぱくてまずくなる。ちょうどいい塩加減がむずかしいように、塩との付き合い方もまた、微妙なさじ加減が求められているのだ。

第三章

【甘味】

甘くておいしい、甘くなくておいしい

敗戦で日本から砂糖が消えた

甘いものはなくても生きていけるが、ないとさびしい。

もちろん甘いものがあまり好きじゃないという人もいるだろう。でもそう言い切れるのは、甘いものを含め、食べるものが豊富にある現代だからかもしれない。終戦直後のエピソードを読むと、老若男女を問わず「甘いものに飢えていた」話で溢れかえっている。

砂糖の甘さは、エネルギー源であることを示すシグナルだ。生まれたての赤ちゃんですら、甘いものを口にして嬉しそうな表情をするという。だが、単にエネルギーを補給するためだけなら、甘いものでなくたっていい。穀類やイモ類などのデンプンも糖類と同じくエネルギーの源になる糖質の一種であるし、もっといえば、脂質やタンパク質だってエネルギーに変換される。だから人体にとって、甘いお菓子は必須ではない。ミソなのは、手っ取り早く脳にエネルギーを補給できる優れものであるところだ。しかも「報酬系」という脳の快感にかかわる部分を刺激することがわかっている。飢えにあえぐ体と心に効く食べものゆえに、終戦直後の人々は焦がれるように甘さを求めたのだ。

かつて甘味が貴重品だったことも、そのありがたみに拍車をかけた。砂糖が世界に広まる前は、甘いものといえば果物やはちみつ、メープルシロップや麦芽糖など限られたものしかなかった。古代日本では、ツタの樹液を濃縮した「甘葛煎《あまづらせん》」という独特の甘味料があったが、再現レポートによれば、糖度が増す冬場に採取したわずかな樹液を絞り、長時間かけて煮詰めた末に、ほんのちょっぴり得られるものだったらしい。[*1]

現在、砂糖はサトウキビかテンサイ（ビート）から主につくられる。寒さに強いビートの製糖技術が一八世紀に確立するまでは、熱帯もしくは亜熱帯で育つサトウキビの独壇場だった。

大航海時代、ヨーロッパがアメリカ大陸を「発見」し、サトウキビの栽培に適した広大な土地と労働力になる奴隷を得て、大規模なプランテーションを展開した。この甘味の王様をめぐって世界の構図がダイナミックに変わる歴史を描いたのが、一九八五年にシドニー・W・ミンツが著した『甘さと権力　砂糖が語る近代史』（川北稔・和田光弘訳、ちくま学芸文庫、二〇二一年）だ。ひるがえって辺境の日本もまた、ヨーロッパの歴史にならい、植民地を通じて砂糖を得た国の一つだった。

そのしっぺ返しは、戦後に一気にやってきた。敗戦を機に失った台湾、沖縄、南洋諸島、樺太といった土地は、いずれも砂糖の供給地だった。なかでも日清戦争以降、日本の植民地となり、製糖業の中心を担ってきた台湾を手放したことは大きな痛手となった。

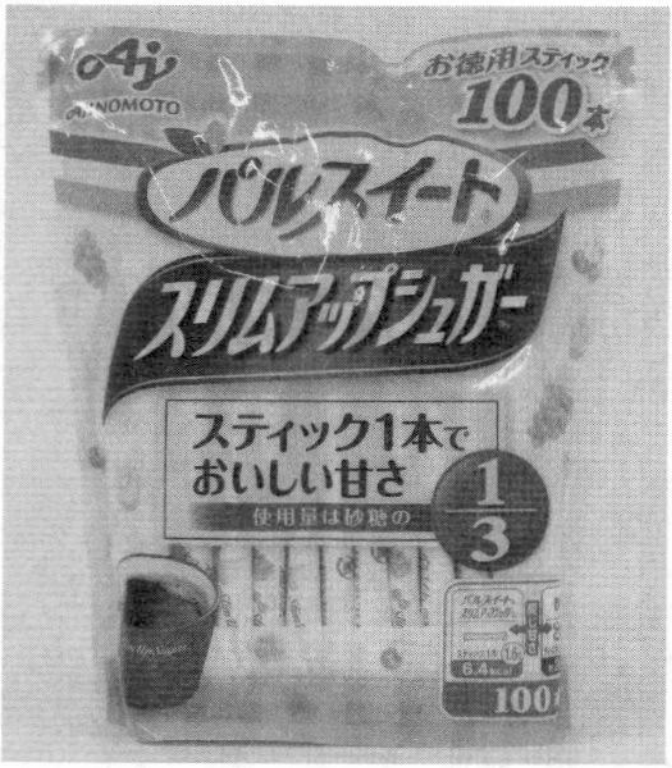

図3-1　スティックタイプの「パルスイート」。

終戦直後、日本の砂糖の生産量はほぼゼロに陥る。そこで救世主となったのが、人工甘味料だった。

宝石扱いだったズルチン、サッカリン

人工甘味料といっても、世代によって思い出すものは違うだろう。私がよく覚えているのは「パルスイート」だ。

パルスイートは、一九八四年（昭和五九）に味の素から発売された卓上用甘味料で、主成分はアミノ酸からなる「アスパルテーム」である。砂糖と同じ甘さを摂るのに、量は二〇〇分の一で済み、カロリーを抑えられるというふれこみで人気を博した。一時は喫茶店でシュガーポットと一緒に、パルスイートの小袋が並んでいたのを覚えている。ダイエット意識が芽生える一方で、当時はまだコーヒーや紅茶には砂糖を入れて甘くして飲むのが当たり前だった（五章参照）。

終戦直後の食糧難を生き抜いた人にとって、記憶に残る人工甘味料といえば、サッカリ

ンとズルチンではないだろうか。作家の吉行淳之介《よしゆきじゅんのすけ》も当時を振り返りながら、次のように綴っている（「汁粉」『贋食物誌』新潮文庫、一九七八年）。

「戦争直後の甘いものといえば、闇市屋台で立ち喰いするシルコくらいのものだった。〈中略〉サッカリンは熱をたくさん加えると甘くなるので、煮物の場合はズルチンでなくてはいけない、という説もあったが、これも真偽は知らない。その説にしたがえば、闇市のシルコの甘さはズルチンということになる。

どちらも、舌に厭《いや》な後味が残るのだが、そのくらいは何程のこともなかった。

砂糖がいかに貴重品だったかは、いまの人には想像できまい」

サッカリンとズルチンは、戦前に糖尿病治療などの医薬用として認可された。そのうちサッカリンは砂糖不足を補うため、のちにたくあん漬けに限って食用としても使用が認められた。しかし規制は表向きで、戦中からこの二つの甘味料はヤミで売り買いされ、サイダーなどの清涼飲料水にも使われていた。

終戦直後は、甘味への渇望がこれら甘味料の値段をさらに押し上げ、粗悪品も氾濫した。『味百年　食品産業の歩み』（日本食糧新聞社、一九六七年）では、戦後の混乱期の様相を次のように記している。

「原爆糖とかいって有害な甘味を持ったニトロ化合物が横行したのと溶性サッカリンとズルチンが家庭用の甘味から食品加工業界の甘味まで当時の甘味不足の時代には大変な貴重物質となって、宝石のごとくに取引きされ食品加工業者の中には金庫にしまった思い出のある人も多いことだろう」

「原爆糖」とは、ただならぬネーミングだが、火薬の原料になるニトログリセリンのことだ。中毒性があるにもかかわらず、甘味があるという理由から人々はそれすらも口にしたのだ。

そんな状況に政府はとうとう根負けし、一九四六年（昭和二一）にサッカリンとズルチンの食品利用を相次いで許可した。同年九月二三日読売新聞朝刊には、「お待ちかねのズルチン　少しでも早くと…」という見出しに、工場で「ズルチンの包装をいそぐ女子工員」の写真が添えられている。記事は一〇月から家庭へのズルチンの配給が始まることを告げる、「夢にまで甘味を想ふ都民にアマイ、アマイ朗報」だった。

だが、ヤミ取り引きは止まず、最盛期の一九四七（昭和二二）、四八年頃には「一キログラム当り八千円もして、上野のヤミ市などで飛ぶような売行きをみせた」（読売新聞一九五七年一一月一六日夕刊）。サッカリンは砂糖の約五〇〇倍、ズルチンは約二五〇倍も甘いため、一キロでも相当な量である。しかも一九四八年当時、東京での汁粉の平均価格は一杯一〇円もした。[*2]それなら金庫にしまいたくなる気持ちもわかる。

おまけに悲しいかな、やっとのことでありついたその甘さに、エネルギーはほとんどない。それでもなお、人は甘味に強く執着せずにはいられないという事実を、戦後の混乱はまざまざと見せつけている。

昭和の駄菓子を支えたチクロ

人工甘味料バブルはその後、意外に早くに沈静化する。

一九四七年（昭和二二）、キューバの砂糖が主食の代替品として配給されたのを皮切りに、砂糖の供給は徐々に回復していったからだ。対して人工甘味料の生産は一九五一年をピークに下り坂をたどるが、お役御免にはならなかった。

先に引いた読売新聞一九五七年（昭和三二）一一月一六日の記事は「人工甘味　お菓子屋さん飛びつく」と題し、人工甘味料の動向を取りあげたものである。それによると、一九五四年には値段も低落し、国民はサッカリンやズルチンの存在を忘れかけていたという。しかし、つい最近になって再び注目を集めていると報じている。その理由として、砂糖が値上がりする一方でジュースが人気になり、安い甘味料の需要が高まったとある。

また記事では、第三の人工甘味料としてチクロ（サイクラミン酸ナトリウム）が登場したことも市場拡大に寄与したと伝えている。チクロは一九五〇年代初期にアメリカのアボット社によって世に紹介された。日本では一九五六年（昭和三一）に認可され、翌年から吉富製薬が製造し、親会社の武田薬品工業が「シュガロン」の名で販売。その後、大手製薬会社が相次いで生産に乗り出していた。サッカリンやズルチンは後味が残るのに対し、チクロはさっぱりとした砂糖に近い味で、消費者に受け入れられやすいという利点があった。

この記事でおもしろいのは、チクロが「アメリカあたりでは『ふとらない砂糖』としてとくに婦人の間で用いられている」というくだりだ。

一九五〇年代のアメリカは、「黄金期」と呼ばれるほど豊かになった時代である。世界のなかでもいち早く肥満が問題化し、健康への関心が高まっていた。ゆえにカロリーを抑えられる新しい甘味料が期待をもって迎えられた。

飢えの記憶が鮮明に残っている日本が、甘いものを安くいっぱい食べたいという経済的理由からチクロに飛びついたのとは違う。だが理由はどうであれ、当初、両国で歓迎された新生甘味料はあるときを境に世間での評価が一変することになる。

あっという間に禁[illegible]騒動

使用が拡[illegible]で、チクロはたびたびその安全性が疑問視されてきた。ア[illegible]食品医薬品局（FDA）は一九六八年四月から、チクロを再評価する実験を開始。動物実験の結果であるものの、発がん性や催奇形性《さいきけいせい》の疑いがあることが指摘された。そして一九六九年一〇月一八日、アメリカ政府はあらゆる食品でのチクロの使用を禁じると発表した。この措置は、人または動物において、たとえわずかであっても発がん性が認められる食品添加物は認めないという、ゼロリスクを掲げたデラニー条項に基づく判断だった（一九五八年に制定、一九九六年に廃止）。

この発表に慌てたのは日本政府である。その少し前、同じく発がん性の疑いがあると指摘されたズルチンが、アメリカの禁止からかなり遅れて日本でも禁止されるにいたった。アメリカで禁止されたのは一九五四年だが、日本では一九六八年（昭和四三）に添加物の指定が取り消され、一九六九年一月一日から全面禁止になったばかりだった。

しかもその頃、世間では食品添加物への逆風が吹き荒れていた。

その象徴的な事件は一九六七年（昭和四二）に起きた。発売当初は果汁ゼロだった合成レモンの「ポッカレモン」や、無果汁のレモン飲料、乳脂肪分の少ないコーヒー牛乳などが不当表示に当たるとして、公正取引委員会が食品メーカー六社に対して排除命令を下したのである。パッケージと中身が違う偽装食品は「うそつき食品」と呼ばれ、かねてから消費者の非難を浴びていた。その多くが添加物によって色や味、食感などが過度に操作されたものだった。読売新聞は同年六月二二日〜七月二九日まで、その名も「うそつき食品」と題した連載を二四回にわたって掲載し、大きな反響を巻き起こした。なお、同連載の一三回にはズルチンが「〝甘い〟ズルチン規制」との見出しで大々的に取りあげられている。

ズルチンに対する政府の対応の遅さに非難が集まっていたところへ、間をおかずに飛び込んできたのがアメリカのチクロ禁止のニュースだった。それからの日本での展開は目まぐるしかった。

一九日に新聞やテレビがアメリカでの禁止を報じると、農林省がチクロの使用を控えるように呼びかけ、まずサイダーで自主規制が始まった。二二日には、大手パンメーカーを含む八業界団体が使用を自粛。翌日、自粛を申し出た団体は二九に広がり、厚生省（当時）も調査結果が出るまでは使用禁止を要請した。そして二九日、厚生省が食品での使用を全面禁止[illegible]を下すにいたった。わずか一〇日ほどの急展開だった。

図3-2　1969年、埼玉・サッポロビール川口工場で廃棄されるチクロ入り清涼飲料水。（写真：共同通信社提供）

だが、その影響はあまりに大きかった。チクロはお菓子やパンはもちろん、佃煮や漬けもの、醤油、みそ、缶詰など、ありとあらゆる食品から歯磨き粉や医薬品にまで浸透していたからだ。そこで使用表示を義務づけたうえ、清涼飲料水は一九七〇年（昭和四五）一月末、他の食品は九月末まで販売を許可するという猶予期間を設けた。その間も商品を売り抜きたいメーカーに対して消費者が不買運動を起こすなど対立が表面化したが、一九七〇年のうちに騒動はなんとか収束した。なお、チクロはその後、発がん性の可能性は低いという実験結果も発表され、EUや中国など複数の国々では今も使用されている。

このように戦後を通して甘味の一翼を担ってきた人工甘味料は、時代によってその役割を変化させてきた。欠乏の時代に砂糖の代替品として広まり、経済発展のターンに入ってからはコスパのよさで浸透していった。チクロショックを経て、飽食の時代を迎えてからは「低カロリー」を武器に巻き返しを図っていくことになる。

「甘さ控えめ」への転換期

かつて日本で「甘い」は「うまい」と同義だった。

江戸時代後期の料理書では、煮物を「甘煮」と書いて「うまに」と読ませる例が登場する。江戸時代中期までもっぱら輸入に頼っていた砂糖が広くつくられるようになり、やっと庶民にも手が届くようになった時代である。この頃から料理に砂糖やみりんが多用されるようになり、日本の料理は全体的に甘くなっていった。

その一因に、欧米のように食後にデザートを食べる習慣がないからだといわれることがある。だが、理由はそれだけではないだろう。かつて日本の食卓は、動物性タンパク質や油脂と縁遠かった。その代わりに「だし」というコクの武器を発展させてきたことを一章で述べた。足りないコクをさらに補うため、当時普及し始めた砂糖やみりんの甘味が歓迎されたのではないだろうか。

このように甘さは、長らく喜ばれるものであって、敬遠されるものではなかった。しかし昨今、巷に溢れる食レポを見ていると「甘くておいしい」と「甘くなくておいしい」という、相反する褒め言葉が飛び交っている。

いったい「甘くなくておいしい」、つまり甘すぎないことをよしとする風潮はいつ頃から出てきたのだろう。

お菓子づくりの本に何か手がかりはないかと探していたところ、福島登美子《とみこ》指導・監修『婦人之友社のお菓子の本 ケーキから和菓子まで70種』（婦人之友社、一九九九年）という一冊の本をみつけた。同書は、一九六〇年（昭和三五）刊行の婦人之友社編集部編『家庭でできる和洋菓子』を現代風にアレンジした基本書だ。

もとの本の製作に携わった福島は、同書に「砂糖の分量、今と昔」というコラムを寄せている。それによれば、一九七五年（昭和五〇）に福島が同じく婦人之友社から『砂糖をひかえたお菓子』という本を出したところ、「専門家から『砂糖をひかえたお菓子などあり得ない』といわれた」という。しかし、「時代とともにほかのお菓子も甘みが減り、そ

図3-3　福島登美子著『砂糖をひかえたお菓子』(婦人之友社)。

の分、洋菓子ではバターの分量が増えています」と記している。また、「当時は甘みの感覚が今とはずいぶん違い、ゼリーや和風の寄せものなどは1カップの水分に対して砂糖の量は半分が基本でした。今では1カップの水分に1／3が目安」と具体例も挙げている。

変化は、新しい世代から起きた。食糧難を経験した世代と、高度成長期に生まれ育った世代とでは、甘さに対する執着が違って当然だろう。甘さに飢えていた時代は終わり、おやつの人気はしょっぱいスナック菓子へと移り変わりつつあった。

朝日新聞一九七〇年（昭和四五）一月一八日朝刊には「おやつも辛口時代」と題し、子どもたちの間でチョコレートやケーキよりもしょっぱいスナック菓子やせんべい、あられが好まれていると報じている。一九七五年には、今も人気を誇るカルビーのポテトチップスが発売された。

一九七八年（昭和五三）に刊行され、二〇〇二年（平成一四）に復刊もされたマドモアゼルいくこ著『秘密のケーキづくり』（主婦と生活社）という伝説の本がある。キャッチコピーは「おいしくて太らない　簡単で失敗しない」。美大卒の二四歳の著者が、趣味でつくり続けてきたケーキのノートをもとに出版した一冊で、女子高生たちの間で話題になった。*3

そのまえがきには、次のように綴られている。

「お店で売っているケーキってほんとうに甘い。もちろんなかにはおいしいのもあるけれど、せっかくのパイの上にジャムがベタッと塗ってあったり……風味よりも何よりもただ甘いだけで、一口食べてもうけっこうといいたくなります」

ただ甘いだけのものはもういらない。「甘くなくておいしい」まであと一歩のところだった。

「低糖」から「ゼロカロリー」へ

事情がガラリと変わるのは、一九八〇年代に入ってからだ。

二章で一九七九年（昭和五四）にＮＨＫの料理番組『きょうの料理』で初めて成人病の食事が特集され、大反響を呼んだことを述べた。その際に高血圧と並び、番組の一つの柱になったのが糖尿病だった。テキストでは「太りすぎの人のために」と題し、食べすぎや高カロリーの食品を控えるように説いている。甘さを謳歌した高度成長期を経て、時代は節制へと傾いていた。そこで真っ先に標的にされたのが砂糖だった。

一九八二年（昭和五七）に連載された読売新聞の「ニッポン新味覚地図」[*4]では、一一月四日に「甘さ控え目が主流」という見出しでケーキを取りあげている。それによれば、戦後から昭和四〇年前半まではバタークリーム全盛期。その後、生クリームが人気を集め、五〇年代は甘ったるさを感じさせないチーズケーキの時代が到来。「そして今、もっと軽い、ヨーグルトやムース、スフレ菓子へと、好みが移りつつある」として、甘さのみならず、脂肪分も減らしたさっぱりしたものへ嗜好が変化していると分析している。

さらにその翌一九八三年（昭和五八）に連載された続編「ニッポン味覚新事情」[*5]の七月二八日朝刊では、ジャムが「多種類、手作り、低糖路線」に変化したことを伝えている。それによると、「普通のジャム（糖度が六十五度以上）より甘さを抑えた低糖タイプが全体の六割を占め、いまや主流」とある。業界初の低糖タイプが登場したのは、一九七〇年（昭和四五）にキユーピーから発売された糖度五五度の「アヲハタ55」だ。当初苦戦を強いられた同社は「ようやく開花した感じ」と紙面でコメントしている。

そして再び、甘味料が注目を集める時代がやってきた。

一九八四年（昭和五九）に卓上用甘味料「パルスイート」が発売されたことは先に述べた。その同じ年、アスパルテームと果糖を使った「コカ・コーラ ライト」も発売され、低カロリー商品の普及に弾みをつけた。

読売新聞一九八六年（昭和六一）八月二二日夕刊では「新甘味料 ポスト砂糖 目白押し」と題し、パラチノース、ステビア、フラクトオリゴ糖、アスパルテームといった新たな甘味料が取りあげられている。不足する砂糖の甘さを補うためのかつての救世主は、ここにきて砂糖の量を減らすための代替品へと変貌を遂げた。「うそつき」と呼ばれた以前とは異なり、高まる健康志向を追い風に「体によい」という大義名分を得たのである。

成人病予防のため、特定保健用食品制度が一九九一年（平成三）に始まったことも飛躍を後押しした。特定保健用食品、いわゆる「トクホ」は厚生労働省の認可を受けて、特定の保健の用途を表示できる食品のことだ。新甘味料を使った一例としては、一九八九年（平成元）にカルピス食品が発売し、機能性飲料ブームの一翼を担った「オリゴCC」がある。カロリーが低く、整腸作用があるオリゴ糖を使ったこの商品は、「トクホ」第一号が誕生したのと同じ一九九三年に許可を受けている。

また一九九〇年代に入り、甘さ控えめの紅茶、無糖の緑茶やウーロン茶といったお茶の

図3-4　2007年に発売された「コカ・コーラ ゼロ」。

缶飲料も売れ行きを伸ばしていった。朝日新聞一九九四年（平成六）一〇月二四日朝刊では「無糖飲料『味で勝負』」と題した記事がある。無糖コーヒーは「五年ほど前、各社一斉に出したが、当時はまるで売れなかった」のが一変し、ハトムギなどを使ったブレンド茶や無糖コーヒーが猛暑だった「この夏、売れに売れた」という。先のジャムの例と同様、メーカーの提案にようやく人々がついてきた格好だった。

　こうして砂糖は、市場の隅に徐々に追いやられていった。以後、その流れは止まるどころか、加速していく。

　二〇〇六年（平成一八）には、サントリーがノンカロリーを前面に打ち出した「ペプシネックス」を日本独自にリリース。翌二〇〇七年には「コカ・コーラ ゼロ」が日本で発売された。

　その動きはアルコールにも飛び火する。同年にアサヒビールが「糖質0《ゼロ》」を謳った発泡酒「アサヒ　スタイルフリー」を売り出すと、二〇〇八年（平成二〇）には糖質ゼロや脂質ゼロを謳う商品が相次いで市場に投入され、「ゼロブーム」が巻き起こった。そして行き着いた先が、昨今流行している糖質制限ダイエットだ。

糖質制限食は、肥満の治療法として長い歴史をもつ。

ヨーロッパでは「ダイエット中」を意味する「バンティング」という言葉がある。由来となったのは、一九世紀のロンドンを生きた葬儀屋のウィリアム・バンティングだ。肥満に悩む彼は、あらゆる治療を試しては挫折していた。あるとき、医師のアドバイスに従い、炭水化物やデンプン、糖類を減らした食事を続けたところ、初めて減量に成功。そこで彼は一八六三年、『肥満についての手紙』という小冊子を書き、無料配布した。そこから「バンティング」はダイエットを指すようになったのである。

日本でもかねてから、糖尿病患者に向けて糖質制限の食事療法は行われてきた。だが、それが日本でダイエットとして一般に広まるには「ゼロブーム」の下地が必要だった。かくして「控えめ」から「ゼロ」へ、糖質そのものが避けられる時代へと突入したのだ。

甘さを競い合う果物や野菜

砂糖が嫌われる一方で、「甘さ」は形を変えて生き残ってきた。

私たちが「甘くておいしい」というとき、食材の褒め言葉として使うことが多い。肉の脂を「甘い」といったりもするが、ここでは本来の甘味に絞って、果物や野菜の話を取りあげよう。

新たな甘味料が広まり、「甘さ控えめ」が注目を集め始めた一九八〇年代は、じつは果物や野菜が甘くなっていった転換期でもあった。

先述した一九八二年（昭和五七）の読売新聞の連載「ニッポン新味覚地図」では、酸っぱいりんごの代表である「紅玉《こうぎょく》」に代わって「スターキング」や「ふじ」などの甘い品種が全盛時代を迎えていること[*6]や、「新水《しんすい》」や「幸水《こうすい》」など糖度の高いナシに嗜好が移り変わるなかでさっぱりした甘さの「二十世紀ナシ」が飴に活用されていること[*7]をレポートしている。

また注目は、一〇月三日朝刊の同連載「新種合戦　〝甘味路線〟で競う」という記事だ。キャベツ、ハクサイ、トマト、ダイコン、カボチャなど、さまざまな野菜をめぐって「甘さを追って新品種開発合戦は激化の一途」をたどり、「産業スパイ並みの情報戦」が繰り広げられているとなかなか物騒な話を伝えている。

なかでも甘くなった野菜の代表例といえば、トマトだろう。トマトは酸っぱくて青臭い。そんなイメージを変えるきっかけになったのは、一九八五年（昭和六〇）に誕生した甘いトマトの先駆け「桃太郎」だ。一九八九年には「フルーツ感覚で食べられる」というふれこみの「ミディトマト」も登場した。

ときを前後して、糖度計で測った果物の糖度を表示する果物専門店やスーパーも現れた。[*8]一九九〇年代になると「糖度表示」は珍しくなくなり、消費者にとっておいしさをわかりやすく示す一つの指標として定着した。

甘さを求める傾向は今も続く。日本経済新聞二〇二二年（令和四）九月一〇日電子版では「極甘フルーツ成長中、若手農家も参入意欲　野菜も甘く」との見出しで、甘さを追求した農産物を紹介している。登場するのはブドウ、マンゴー、パイナップル、イチゴ、スイカなどの果物から、トマト、キャベツ、カボチャといった野菜まで。ありとあらゆる果物や野菜が、酸味や苦味、渋みを取り除かれ、甘さを競い合っているのが現状だ。

カロリーを直接想起させる砂糖や炭水化物は排除されがちな反面、体にいいとされる果物や野菜には甘さを追求してやまない。それは、もはや強迫観念に近い健康志向の現代にあって、罪悪感なしに「甘い＝うまい」を享受したいという、身勝手な欲望の発露なのかもしれない。

崩れる「男の辛党、女の甘党」

二〇〇八年（平成二〇）から二〇〇九年にかけ、「スイーツ男子」という言葉が広まった。グルメ雑誌『料理通信』は先見の明があったというべきか、二〇〇七年二月号で「男のスイーツ　女のモルト」という特集を組んでいる。その冒頭で次のように問いかけた。

「スイーツ好きを堂々と名乗る男性は多くありません。聞けば『甘いもの、好きですよ』と答えるのに。まだまだ〝女子供の食べるもの〟というイメージが根強いのでしょうか？」

たしかにかつては甘いものを好きだと公言する男性は少なかった。私が大学生だった一九九〇年代前半、男友だちに「パフェを食べに行きたいんだけど、男だけで行くのは恥ずかしいから一緒に行ってくれない？」と頼まれたことがある。自分が食べたいものを食べるのに、人目を気にしないといけないのか、と甘党の男性の不自由さを不憫に思った記憶がある。

そのときからくらべると、三〇年経った今の世の中は隔世の感があるかもしれない。「スイーツ男子」という言葉を経た今は、甘いもの好きを自称する男性のタレントやスポーツ選手が増え、男性のスイーツ評論家やパフェ愛好家も現れた。昨今では、自分が食べた甘いものを男性がSNSに投稿するのは、もはや珍しいことでもなんでもない。

二〇〇〇年（平成一二）刊行の『食の文化フォーラム18 食とジェンダー』（竹井恵美子編、ドメス出版）で、栄養学を専門とする山本茂は「嗜好に生理的性差はあるか」と題する興味深い論考を発表している。山本は冒頭で、自分はお酒に弱く、大の甘党であると述べ、「レストランや喫茶店で甘いケーキを頼むときには、少し恥ずかしい思いがある」と告白する。さらに、そう思う気持ちの裏には「『男は辛党のほうがよく、女は甘党のほうがいい』という固定観念がある」と指摘。しかし、以前にくらべて男子が甘党を名乗ることもさほど抵抗がなくなっていることを踏まえ、嗜好に性差があるとしたら、生理学的に説明できるのだろうかと問題提起している。

そこで山本は、エネルギー必要量やタンパク質摂取量の性差など可能性を一つひとつ検討していく。そして最終的に、嗜好の性差は「本来の生物学的性差にもとづくものではない」との結論を導き出した。それよりむしろ女性は甘いものが好きで、男性はアルコールが好きという社会的な期待を受け続けることによって、女性は甘いもの、男性はアルコールに接する機会が増え、結果的に「消化酵素やホルモンの分泌に差を生んだり、他の多くの生体の機能や形態までも変えているためであるように思われる」と述べている。

つまり、甘味に対する嗜好の男女差は後天的に獲得されたものである可能性が高いということだ。だとしたら、「男は辛党、女は甘党」という食の好みの性差は、日本でいつ頃から顕著になったのだろうか。

菓子の知識は武士のたしなみ

甘いものが女性と結びつけられるのは、日本に限ったことではない。デボラ・ラプトン著『食べることの社会学』（無藤隆・佐藤恵理子訳、新曜社、一九九九年）には「チョコレートと砂糖は伝統的に、女性の食べ物としてコード化されてきた」とある。ただ、日本と異なるのは、甘いものに対する〝男性的〟とされる食べものが西欧では「肉」であることだ。日本では表向き肉食が禁止されてきた歴史が影響しているせいか、甘いものの反対の塩辛いもの、さらにその相棒としてのお酒が男性と紐づけられることが多い。

考えてみれば、甘いものとお酒は共通点が多い。どちらも摂取せずとも生きていける嗜

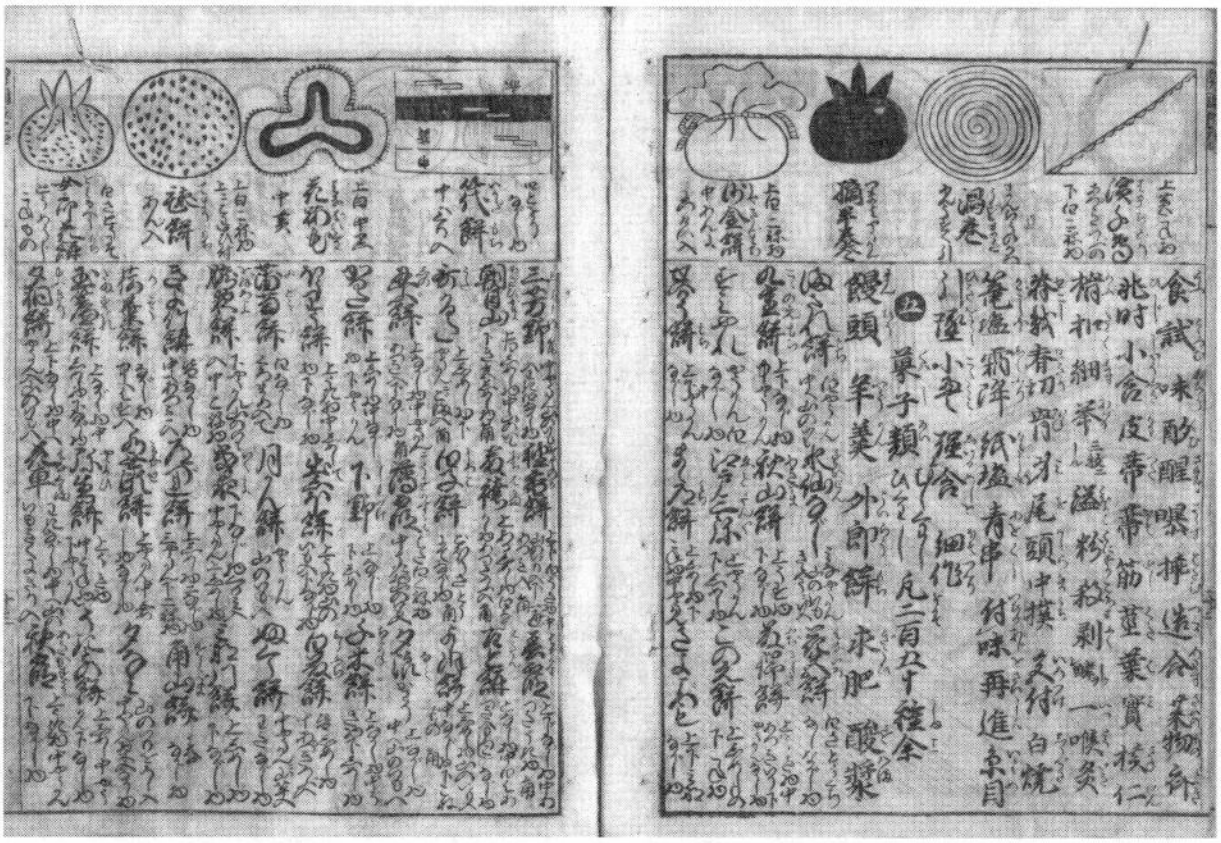

図3-5　苗村丈伯著『増補男重宝記』（吉野屋藤兵衛版、元禄15年版）より、挿絵つきの菓子類の頁。（国立国会図書館蔵）

好品であること。リラックス効果があること。さらにコミュニケーションの潤滑油になることだ。

その点からいうと、江戸時代まで甘いお菓子はお酒と同様、男性にとって重要なコミュニケーションツールだった。なんせ戦国武将の間で大流行した茶の湯に、菓子はつきものである。

一六九三年（元禄六）に刊行された啓蒙書『男重宝記《なんちょうほうき》』では「菓子類」の項目があり、約二五〇種類もの和菓子の名前が簡単な説明とともに列挙されている。社交の場でもあった茶席で恥をかかないためには、男子たるもの、菓子の知識も教養の一つとして頭に入れておかねばならなかったのだ。

また、明治時代までは「嘉祥《かしょう》（嘉定）」という風習が行われていたが、これも菓子を通じたコミュニケーションの一形態と捉えることができる。

起源は平安時代、仁明《にんみょう》天皇が御神託に基づき、六月一六日に「一六」の数字にちなむ菓子や餅などを神前に供えて疫病退散と健康招福を祈願し、「嘉祥」と改元したことに由来する。その後は武家社会に受け継がれ、江戸時代には幕府が大名や旗本を江戸城に集め、大々的に菓子を配ったほどだった。ちなみに、現在では全国和菓子協会によって六月一六日は「和菓子の日」に制定されている。

下級武士にしても、江戸勤番の日々を綴った幕末の和歌山藩士の日記『酒井伴四郎《はんしろう》日記』を読むと、江戸に向かう中山道《なかせんどう》中や、滞在中の江戸でたびたび名物餅を食べている。江戸時代までは少なくとも、男性も気軽に甘いものを楽しんでいたのだ。

ならば変化したのは、民法によって家父長制が定められた明治時代以降ということか。

しかし、そこからたどるとなると途方もないので、逆に「男は辛党、女は甘党」という縛りが薄らいだ現代からさかのぼって、転換点を探ってみたい。

モーレツ社員からスイーツ男子へ

スイーツ男子というネーミングが登場した端緒は、コラムニストの深澤真紀《ふかさわまき》が二〇〇六年（平成一八）に、恋愛に積極的でない男性を指して名づけた「草食男子」だ。そこから従来の〝男らしさ〟とは異なる行動を取る男性を「〇〇男子」と呼ぶのが流行り、会社に自作の弁当を持参する「弁当男子」や、手芸など乙女チックな趣味を好む「乙女男子」といった言葉も編み出された。

ただ、スイーツ男子という言葉が広まる一〇年ほど前から、甘党の男性がじつはけっこう存在することに世の中は気づき始めていた。その一例が、一九九九年（平成一一）に江崎グリコが大阪で試験的に発売を開始した「オフィスグリコ」の購買結果だ。

オフィスグリコは、会社の置き菓子販売サービスである。開始にあたって「利用者は女性を想定したが、実際は7割が男性だった」[*9]。オフィス人口は総数からいえば男性のほうが多いだろうから、単純に考えれば男性の利用者数のほうが多くなることが予想できそうなものである。だが、それほど「男性はお菓子を食べない」と考えられていたということだろう。好評を博したオフィスグリコはその後、二〇〇二年（平成一四）に首都圏へ展開し、現在では愛知や福岡などでもサービスが提供されている。

図3-6　2009年に森永乳業から発売された「男子スイーツ部 理想のプリン」。(写真：共同通信社提供)

隠れた需要に気づいたコンビニも、男性向けスイーツを相次いで発売する。二〇〇六年（平成一八）にローソンが二〇～三〇代男性をターゲットにした大きめの「Men's パフェ」をリリース。翌年、ファミリーマートも大容量の「男のティラミス」「男のカフェラテ」「男の珈琲ゼリー」を投入した。そんな流れに乗って「スイーツ男子」は広まったのだ。

では、甘党の男性が顕在化されていった時期は、どんな時代だったのだろうか。

一九九一年（平成三）から一九九三年にかけてバブルが崩壊し、景気が後退するなか、一九九〇年代後半から企業の人員整理が進み、就職氷河期を迎え、男女ともに非正規雇用者が増加した。かつてのようなサラリーマンの夫と専業主婦の妻という戦後高度成長期の家族モデルが崩壊していった時代だったといえる。そうしたなか、従来の〝男らしさ〟にとらわれない男性が増えていったのだ。

ひるがえって、戦後高度成長期はサラリーマン社会と言われるように、郊外の住宅から満員電車に乗って出勤し、夜遅くまで残業し、休日は接待ゴルフにいそしむ。社員旅行や運動会もあり、会社とともに過ごす時間が圧倒的に多かった。そして、仕事の人間とのコミュニケーションに、お酒はついてまわった。

サラリーマン小説として名高い山口瞳の『江分利満氏《えぶりまんし》の優雅な生活』（文藝春秋新社、一九六三年）を読むと、甘いものは、妻と銀座にアイスクリームを食べに行ったとひと言あるぐらいで、大半はお酒の話で占められている。また同氏の『礼儀作法入門』（祥伝社、一九七五年）は粋《いき》なサラリーマンのお手本として広く読まれた本だが、お酒の飲み方や酒場でのふるまいがこと細かに説かれる。年始の挨拶の手土産も甘い洋菓子などもってのほかで、酒が一番。酒を飲まずばサラリーマンにあらず、というほどの勢いだ。むろん当時から下戸《げこ》の甘党はもちろん、上戸《じょうご》（上下の表現に、すでに価値観が入り込んでいる）でも甘いもの好きはいただろうが、おおっぴらに食べる場や時間がなかったのではないか。

事実、国民健康・栄養調査によれば、二〇代男性の一日当たりの菓子類平均摂取量は、一九九九年（平成一一）に一四・三グラムだったのが、最新の二〇一九年（令和元）には二一・五グラムと大幅に増えた。ちなみに二〇代女性は一九九九年が二六・〇グラム、二〇一九年が二二・二グラムと減っており、男女差がほとんどなくなっている。

図3-7　20代男女の1日当たり菓子類平均摂取量(g)

	男性	女性
和菓子類	3.6	6.1
ケーキ・ペストリー類	9.7	7.8
ビスケット類	1.1	1.7
キャンディー類	0.5	0.3
その他の菓子類	6.6	6.4
合計	21.5	22.2

出典：厚生労働省「国民健康・栄養調査2019」

菓子類といえば、ポテトチップスなどのしょっぱいスナック類が含まれているせいではないかと思われるかもしれない。しかし、スナック類が含まれる「その他の菓子類」の摂取量は男性が六・六グラム、女性が六・四グラムとこれまた大差ない。差があるのは、和菓子類とケーキ・ペストリー類である。和菓子類は女性のほうが、ケーキ・ペストリー類はむしろ男性のほうが多く食べている結果になっている。[*10] つまり、男性も女性に劣らず甘いものを食べているということだ。

「男は辛党、女は甘党」はかつての話。実態は性差で説明できなくなってきている。そういえばここ最近、コンビニで「男性向け」を謳うスイーツを見かけない。もはや声高にアピールせずともよくなったのだろう。甘味もジェンダーフリーの時代がやってきた。

第四章　【酸味】酢に忍び寄るフードファディズム

欠かせないのに敬遠される

料理に合わせて酸味の強弱を的確に操れる人は、真の料理上手だと常々思っている。とくに和食。酢の物やぬたの味を尖《とが》りすぎず、かといってぼんやりしない、ちょうどいい酸っぱさに着地させるのはむずかしい。そんなふうに思うのは、どうやら私だけではないらしい。

ミツカンが二〇一四年（平成二六）に行った和食に関する調査では、和食に使う調味料「さしすせそ」のうち、使わない調味料に約七割が酢と答えている。[*1] 使いこなすのがむずかしい調味料も酢がトップで、酢を使わない理由のダントツ一位は「使うメニューのレパートリーがない」から。多くの人が酢を使いあぐねている。

今や人気のない調味料になってしまったが、歴史を通してみれば、酢は日本の料理に欠かせない存在だった。

日本で酢が醸造されたのは、四〜五世紀までさかのぼるとされる。酒造りとともに米酢の醸造技術が大陸から伝わり、奈良時代には定番調味料の仲間入りをした。当時は、料理人は味つけをせず、食べる人が自分で味つけをしながら食べるスタイルで、食膳には醤《ひしお》（大豆などに麴《こうじ》や塩を足して発酵させた古代の調味料）、塩、酢が小皿に入って置かれていた。

鎌倉時代から室町時代にかけてすり鉢が普及すると、わさび酢やしょうが酢、蓼酢《たでず》など、すりおろした薬味と酢を合わせた和製ソースが考案された。そして江戸時代、酢を使った和食を代表する料理が現れる。酢飯に酢じめのネタをのせた、酢なくしては成り立たない「江戸前ずし」の誕生だ。

生食を好む嗜好性ゆえ、殺菌作用のある酢は味だけでなく、衛生面からも重宝されてきた。食文化を根底で支え、長きにわたって親しまれてきた調味料なのである。にもかかわらず、どうして敬遠されるようになったのだろうか。

ただ注意したいのは、単純に酢離れが進んだわけではないことだ。

総務省の家計調査を見ると、統計を取り始めた一九六三年（昭和三八）以降、二人以上の一世帯当たり年間購入量は二～三リットル台で増減を繰り返し、ピークは二〇〇四年（平成一六）の約三・三リットル。二〇一五年に二リットルを少し下回ってからは二リットル前後で推移し、二〇二一年に約一・八リットルに落ち込んだ（一九九九年まで非農林漁家世帯、二〇〇〇年以降は農林漁家世帯を含めたデータ）[*2]。とはいえ、予想以上に健闘している印象だ。

実際、酢そのものが嫌われたというより、変化したのはその中身や使い方なのだ。

酢の多様化の始まり

今はたくさんの種類の酢がスーパーに並んでいる。定番は米酢と穀物酢。玄米からつくる黒酢や、「赤酢」とも呼ばれる酒粕を原料とした粕酢《かすず》もこだわり派の支持を集めている。さらにりんご酢やぶどう酢などの果実酢、ワインビネガーやバルサミコ酢も手軽に手に入るようになった。

酢のバラエティ化が進んだのは一九六〇年代のことだ。

それ以前はといえば、合成酢の時代が長かった。合成酢は氷酢酸《ひょうさくさん》（化学合成された純度の高い酢酸）を水で薄め、砂糖などの調味料を加えて味を調えたものだ。大正時代に登場し、醸造酢よりも安価にできることから普及した。

戦時中から食糧難の戦後にかけては食料確保を理由に、米から酢を醸造することが禁じられ、人々は刺激臭の強い合成酢しか口にできなかった。統制解除後もその影響は尾を引き、農林省（当時）の調べでは一九六五年（昭和四〇）になっても醸造酢の生産量六万四〇〇〇キロリットルに対し、合成酢は一〇万七六〇〇キロリットルと大幅に上回り、総生産量の六四％を占めていた。[*3]

『食生活』同年一二月号に、酢の消費動向を分析した「『酢の消費』みたまま」と題する記事が掲載されている。そこでは醸造酢と合成酢の問題を取りあげ、大都市では合成酢が姿を消していく一方、地方では「酢の素」と呼ばれる、水で薄めて使う合成酢が依然用いられていると分析している。だが、今後は「よりおいしいものをという食生活水準の向上からみて」、醸造酢の生産が増える傾向は強まるだろうと予測。事実、その通りになった。ダメ押しとなったのは一九七〇年（昭和四五）、合成酢を使った製品への表示が義務づけられたことだった。それを機に生産量は激減し、家庭用の合成酢はほとんど見かけなくなった。

また、先の記事では最近の動向として「インスタント化と洋風化」を挙げている。インスタント化は、ポン酢やすし酢、ドレッシングなどかけるだけで使える調味済みの酢が増えたこと。洋風化は、「生活水準の向上と食生活の洋風化」によってりんご酢、ぶどう酢などの果実酢や、麦芽からつくるモルトビネガーなど高級洋酢の売り上げが伸びていることを指している。

誌面で「生活水準の向上」という文言が繰り返されるように、高度成長を謳歌していた一九六〇年代前半、食卓も様変わりした。記事が書かれた一九六五年（昭和四〇）は、冷蔵庫の普及率が五〇%を超えた年として記憶されている。生鮮食品の保存がラクになり、

図4-1　馬路村農協の「ぽん酢しょうゆ　ゆずの村」。

酢の殺菌作用に頼る必要性も減った。選択肢も広がり、酢を味で選ぶ時代が到来した。

「インスタント」という言葉が流行ったのは、国産初のインスタントコーヒーが森永製菓から発売された一九六〇年（昭和三五）のこと。その波は調味料にも及び、にんべんの「つゆの素」、シマヤが「シマヤだしの素」を発売したのが一九六四年だ。同年、市販品のポン酢「ぽん酢 味つけ」もミツカンから関西で試験的に販売がスタートした。「味ぽん酢」の名で全国展開に乗り出したのは、その三年後。水炊きになじみがなかった関東では最初こそ苦戦したものの、一九七〇年代半ばに定着した。

一九八六年（昭和六二）には、ご当地ポン酢の先駆けとなった高知県馬路村の「ゆずの村」が発売された。地元産のゆずを加工したポン酢が地域活性化の成功事例として注目を集めたことをきっかけに、今やレモンやかぼす、すだちなど名産の柑橘《かんきつ》を使ったご当地ポン酢が百花繚乱《ひゃっかりょうらん》である。

さらに一九六五年の記事で注目すべきは、おしまいに健康、美容への効用による酢の需要増に言及していることだ。

きっかけは一九五三年（昭和二八）、ドイツの化学者ハンス・クレブスがクエン酸回路の発見によってノーベル生理学・医学賞を受賞したことだった。これによって酢に含まれる酢酸や、柑橘類に含まれるクエン酸が人体の新陳代謝に重要な役割を果たしていることが広く知られるようになった。そこでメーカーはすかさず疲労回復などの酢の医学的効用を力説し、PRに努めた。その結果、酢を愛用する女性が現れ、今後も健康、美容への関心の深まりから酢の需要が増えると誌面では予測している。だが、そうした需要はあくまでも派生的で、基本的には「食品としての酢、調味料としての酢の形をとり、日々の食卓で消費されてゆくだろう」と締めくくられている。

記者の市場予測は半分当たっていて、半分ハズレだったといえる。調味料としての酢の存在がかすんでしまうほど、今や健康、美容を謳う酢や関連商品が氾濫しているからだ。

消えては現れる「酢〇〇」

酢は体にいい。そのことを私たちは繰り返し刷り込まれてきた。しかしだからといって、私たちはいったいどれだけ「酢〇〇」を食べればいいのか。酢の周辺情報を追うと、そんな気持ちになる。

体にいいとされる食材を酢に漬けた「酢〇〇」はこれまで定期的にブームを巻き起こしてきた。直近でいえば、二〇一五年（平成二七）に盛り上がった「酢玉ねぎ」だろうか。さらにさかのぼると、母も一時期せっせと食べていた「酢大豆」が思い浮かぶ（私はあまりに酸っぱくて食べる気にならなかった）。

「酢〇〇」の歴史をたどると、一九六〇年代後半から話題になった「酢卵《すたまご》」に行き当たる。酢卵は、生卵を殻のまま酢に丸二日漬け、殻が溶けたら薄皮を破って取り除き、漬け酢と一緒に卵をかき混ぜ、はちみつなどを加えて飲むという代物だ。

酢の消費をレポートした読売新聞一九六八年（昭和四三）六月一五日朝刊では、酢卵の考案者として、当時、食糧産業研究所所長を務めていた栄養学者の川島四郎が登場し、「健康なからだ、疲れないからだを作るには、もう少し（著者註：酢の）量をふやす必要はあるだろう」というコメントを掲載。あわせて酢卵を「殻に含まれた良質のカルシウムと酢を一緒に摂取できる健康食品」として紹介している。*4

もっとも川島が考えた酢卵は、酢よりも卵の殻のカルシウムの摂取に力点が置かれていたが、酢の効用を熱心に説く伝道者はほかにもいた。

その代表的な人物が川島の教え子で、「つかれ酢本舗」を創業した長田《おさだ》正松《しょうまつ》だ。長田は紡績工場勤務時代、長年悩まされていた肩こりが酢を飲み始めて改善されたことから、一九六一年（昭和三六）に『酢で疲れが消える』（健康食調理普及協会）を出版。クエン酸を使った健康食品「つかれ酢」を一九六五年頃から販売し、酢の健康法を説く書籍を次々と世に送り出した。長田は、医薬品の許可を得ずに効能を謳って商品を販売したとして薬事法違反で有罪判決を受けたり、[*5]日本愛酢会や日本愛酢党を名乗って参議院議員選挙に立候補したりと、なかなか騒がしい人物だったようだ。

また、一九六七年（昭和四二）に「健康医学社」を立ち上げ、健康器具や黒酢を販売した黒岩東五《とうご》による『純粋米酢の効用』（一九七五年）など、出版メディアを通じて「酢は体にいい」というイメージが流布していった。

続いて一九八〇年代後半に一大ブームとなった酢大豆も、ある一冊の本が火つけ役となった。

一九八六年（昭和六一）に演歌歌手の瀬川瑛子《えいこ》が出版した『10分間体操と酢大豆でキラキラやせた』（バーディ出版）である。本人いわく「女相撲」さながらの体型に悩んでいたところ、母から秘策として教わった酢大豆と、毎日一〇分間の体操で二五キロ痩せたと告

図4-2　瀬川瑛子著『10分間体操と酢大豆でキラキラやせた』（バーディ出版）。

白。手軽にできる健康的なダイエット法として一気に注目を集めた。

酢大豆は、から炒りした大豆を酢に漬け、一週間ほどおいたものを毎日一〇粒程度食べるというもの。古くから丹波地方などで食べられていたというが、確証となる文献はみつけられなかった。ただ、一九八三年（昭和五八）にポーラ化粧品本舗（現・ポーラ）から「毎日飲むだけで脂肪をコントロール」できるというふれこみで酢大豆の顆粒製品が発売されている。『婦人生活』同年三月号にはその広告記事が掲載され、「食べにくかった酢大豆が、顆粒になって登場しました」とある。[*6] すでに酢大豆を食べている人に向けて発信していることから、注目を集め始めたのは少なくとも一九八〇年代初めだろう。

瀬川の出版後、さらにブームを加速させたのが、マキノ出版が手がける健康雑誌『壮快』が一九八八年（昭和六三）五月号で大々的に酢大豆特集を組んだことだ。[*7]

『壮快』は一九七四年に創刊された健康雑誌の先駆けで、一九七〇年代半ばに「紅茶キノコ」（紅茶に砂糖や酢酸菌、ゲル状の菌類を入れて発酵させた発酵飲料。今は「コンブチャ」の名で復活）を流行らせたことで知られる。当時、公称三〇万部を誇っていた雑誌が、次なるヒットとして酢大豆に目をつけたのだ。

その見出しには、肥満防止はもちろん、便秘や肩こりの解消、血圧や血糖値の低下、肌荒れ防止、疲労回復といった効果が羅列され、まるで万病を治す魔法の薬のようである。もっとも医師らからは、酢大豆は消化に悪く、胃腸を壊す恐れがあるといった警告もあったが、世間にはあまり響かなかった。

身近な食品でできる手軽さに加え、昔から食べられているという安心感がブームに拍車をかけたことは想像がつく。背景には、国の旗振りによって推し進められた成人病（一九九六年より生活習慣病に改称）予防に対する意識の高まりもあった。一九八五年（昭和六〇）には厚生省（当時）が「健康づくりのための食生活指針」を策定している。バランスよく一日三〇品目を取ることなどを提唱し、食と健康がより強固に結びついたことも酢大豆ブームの下地をつくったといえる。

その後も「酢〇〇」の快進撃は続いた。先に挙げた酢玉ねぎ（二〇一五年）のほか、「酢にんにく」（一九九二年）、「バナナ黒酢」（二〇〇六年）、最近だと「単なるピクルスでは」と

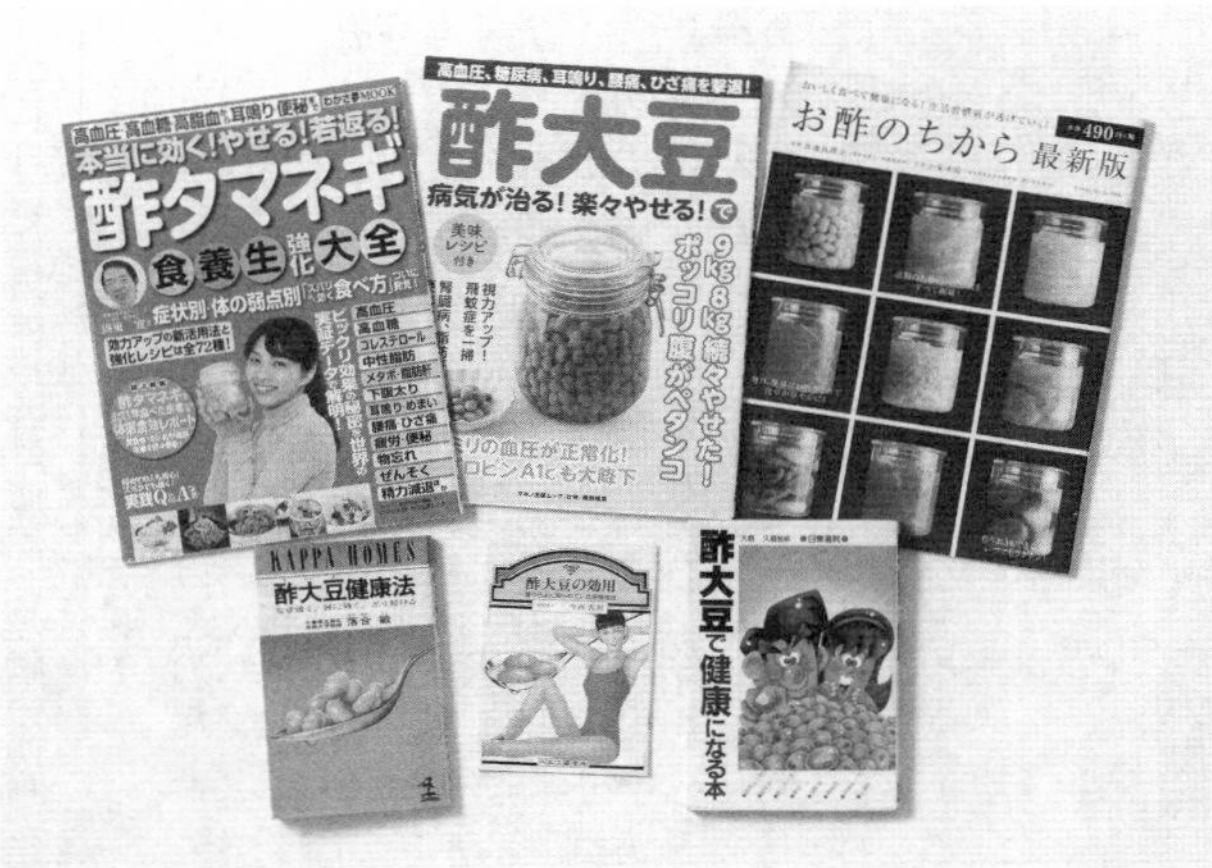

図4-3　1980～2010年代に出版された「酢〇〇」本のごく一部。

ツッコミたくなる「酢ベジ」や、黒ごまとトウガラシを酢に漬けるモンゴル由来の「唐胡酢《とうごす》」など。そういえば私も試したことがある、りんご酢にレーズンを漬ける「干しぶどう酢」なんてのもあった……。もはや酢に漬ければ何でも健康食品に早変わりする勢いである。

「酢〇〇」のすごさは、ブームが去ったあともほそぼそとしぶとく生き残っていることだ。先駆けとなった酢卵も、ネットを見るといまだに実践者がいる。消えたかのように見えて、アレンジを加えながらよみがえるさまは、酢のただならぬ吸引力を証明している。

「食べる酢」から「飲む酢」への転換

酢大豆が巷をにぎわせた一九八〇年代半ばは、バブル経済のとば口にあって、情報とモノが溢れる消費社会真っ只中だった。酢の種類も格段に増え、使い途《みち》も広がった。ちょうどこの時期は、三章で取りあげたように果物やトマトがどんどん甘くなっていったときと重なる。甘くなった代わりに、排除されたのは酸っぱさだ。

朝日新聞一九八九年（平成元）三月一二日朝刊でも「酸味党に苦いマイルド路線」と題し、酸味が敬遠される傾向にあることを報じている。その例として果物はもちろん、一九八五年以降、プレーンヨーグルトも酸味を抑えた製品へと次々に切り替わったことが取りあげられていた。

「体にいいから」と言い聞かせながら、眉間にしわを寄せて酢大豆を食べ続ける人がいる一方で、私のようにその酸っぱさに閉口した人も少なからずいただろう。できれば酢の効用を取り入れたいけれど、酸っぱいのは苦手。そんな人々が求めたのが、酸味が穏やかな酢だった。

日本経済新聞一九八四年（昭和五九）八月八日夕刊に「すっぱい生活してますか　多様化する食用酢、健康食ブームに乗り人気」と題する記事がある。従来はどんな料理にもオールマイティーに使える安価な穀物酢が定番だったが、健康食、自然食ブームや食生活の本格志向の高まりから「TPOに応じて使い分ける時代」が到来したとして、健康食品専門店や百貨店のヘルシーコーナーで話題になっている酢を紹介している。

紙面で詳述されているのは「ソフトでまろやかな風味が特徴」の米酢、「あっさりとした風味」のりんご酢、外国産にくらべ独特のくせのない「香りを抑えた国産品」のワインビネガー、「うまみの成分であるアミノ酸を通常の穀物酢の五、六倍も含んでいる」玄米酢。いずれも、ツンとした酸味があるとされる穀物酢より、マイルドな酢であることが暗に示されている。

なかでも注目株は、玄米酢だ。玄米酢は主として玄米を使い、伝統的には壺で長期熟成させる醸造酢で、鹿児島などを中心に古くからつくられてきた。紙面に「黒酢と呼ぶこともある」とあるように、全国的に「黒酢」のネーミングで知られるようになったのもこの頃である。

さらにこの記事で見逃せないのは、「美容と健康のために果実酢をヘルシードリンクとして飲むことも流行している」という一文だ。りんご酢を水で割ってはちみつを加えた飲みものが美容を気にする若い女性に人気があると伝えている。

酢の効用が喧伝され始めた一九六〇年代から、酢をおちょこで一杯飲むといった健康法は広まっていた。ただ、それだと酸っぱすぎるため、水とはちみつを入れる飲み方も浸透していた。そしてここにきて、さわやかな酸味の果実酢が加わり、飲料としての酢がクローズアップされたことがわかる。

酢のトレンドを取りあげた『販売革新』一九八六年（昭和六一）二月号でも、ポン酢など料理の仕上げにかけるだけの「メニューアップ用」とともに、「ドリンク用」が急成長し、酢の「脱・クッキング」が進んでいると分析している。[*8] つまりこの時期に、本来は調味料だった「食べる酢」から「飲む酢」への大転換が起きていたのだ。

こうした一九八〇年代半ばの隆盛を〝第一次お酢ブーム〟だとすれば、第二次ブームは二〇〇〇年代半ばにやってきた。その特徴は、酢のさらなるバリエーション化と、それらを使った「飲む酢」や「酢イーツ」と命名されたお菓子のパッケージ化である。

泡盛の製造過程でできるもろみを使ったもろみ酢に、さとうきびの絞り汁を発酵させたきび酢。果実酢では、ザクロ酢にブルーベリー酢、グレープフルーツ酢、カシス酢などなど。種々の新顔が売り場をにぎわせた。

「飲む酢」をいち早く商品化したのは、大阪の老舗醸造メーカーであるタマノイ酢だ。

黒酢を飲みやすくするために、はちみつやりんご果汁を加えた「はちみつ黒酢ダイエット」を一九九六年（平成八）に発売。今でこそ「飲む酢」の代表格だが、発売当初は『「こんなまずいもの売れるわけがない」』と言われたり、アンケートで客全員から『まずい』と回答されたり」と散々な反応だった。とどめは、雑誌の「まずいものランキング」で二年連続一位を獲得してしまったこと。しかし、口コミで徐々に広まり、大々的なテレビCMの効果もあって一九九九年には大ヒット商品となる。*9

この成功に続けと、飲料メーカーはもちろん、ミツカンなど酢の大手メーカーも「飲む酢」市場に参入。味の改良を重ねながら、第二次ブームを牽引した。その結果、二〇一〇年代に入り、「果汁でやさしい味に」（朝日新聞二〇一〇年九月二二日朝刊）、「苦手な人でも飲みやすく」（日経MJ二〇一一年八月一九日）といった見出しで取りあげられるようになる。かくして酢の最大の持ち味である酸味を抑えた「飲む酢」が売り場を席巻するようになったのだ。

「はちみつレモン」バブルの到来

返す返すも一九八〇年代半ばというのは、人々と酸味の付き合い方のターニングポイントだった。酢大豆が流行り、「食べる酢」から「飲む酢」への転換が起きた〝第一次お酢ブーム〟のまさにそのとき、もう一つの甘酸っぱい「飲む」ヒット商品も生まれていた。

それは、一九八六年（昭和六一）にサントリーが発売したレモン果汁入り清涼飲料水「はちみつレモン」だ。

先駆けは、その前年に日清製油（現・日清オイリオグループ）が売り出した紙パック入りの「ハチミツ通り」だ。甘味料にはちみつのみを使い、テレビCMで「育ち盛りにいいみたい」とアピールしたように、子ども向けの商品として開発された。後発のサントリーは果糖、ブドウ糖などを加えて飲みやすくアレンジ。爆発的な人気となり、後追い商品が続々と登場する〝はちみつレモンバブル〟を巻き起こした。

図4-4　サントリーが1986年に発売した「はちみつレモン」。

後発の「はちみつレモン」が売れた勝因は、飲みやすくしたこともさることながら、名前にレモンを入れたこともあったのではないだろうか。同じ頃、〝激酸商品〟と呼ばれるノーベル製菓の「スーパーレモン」や加藤製菓の「レモンCキャンディ」がヒットしている。

〝自然な甘さ〟のはちみつと、〝ビタミンCを多く含む酸っぱい〟レモンとの組み合わせが「体によさそう」というイメージを増幅させたにちがいない。

飲料業界では一九八〇年（昭和五五）に発売されたウーロン茶以来のヒットだと沸き立ち、「はちみつレモン」の発売からわずか三年弱で七〇種類以上もの類似商品が発売された。[*10] わかりやすさを優先して「はちみつ」と「レモン」という一般名詞を組み合わせた名前にしたために商標登録ができず、結果的に同名の類似商品が世に溢れたのだ。

またたくまにブームは加工食品にも飛び火した。飴やゼリー、アイスはまだしも、パン、ホットケーキ、ドーナツにマーガリン、冷凍のミートボールやハンバーグ、カップめんまでがはちみつレモン味を標榜する始末。その節操のなさには驚くばかりだ。

そんな便乗商法が長く続くわけがなく、バブル崩壊の足音が聞こえてきた一九九一年（平成三）にブームは沈静化。はちみつレモンブームは、バブル期に食品業界で起きたお祭り騒ぎだったのかもしれない。

ブームが去ったあとに残ったのは、レモンへの好印象だ。以来、レモンを使った商品はたびたび話題になっている。

その背後には国産レモンの復調がある。国産レモンは一九六四年（昭和三九）の輸入自由化で打撃を受けたが、一九七五年、輸入レモンに日本で禁止されている防カビ剤が検出されたことを機に国内生産が再開され、生産量は徐々に回復していった。

生産量日本一を誇る広島県では、二〇〇八年（平成二〇）にＪＡ広島果実連が「広島レモン」を地域団体商標登録したのを皮切りに、県産レモンを生かした商品開発と販売促進に注力し始めた。広島レモンと青唐辛子を組み合わせた「レモスコ」（二〇一〇年発売、ヤマトフーズ）や、瀬戸内産のレモンを使ったスナック菓子「イカ天瀬戸内れもん味」（二〇一三年発売、まるか食品）といった全国的に知られるようになった商品は、こうした地域活性化の流れのなかで誕生している。

そのほか昨今のレモンサワーブームも見逃せない。低成長時代を反映してか、二〇一五年（平成二七）から大衆酒場が流行り始めた。その目玉となったのがレモンサワーだ。昭和の老舗から、レトロさと現代風をミックスさせた「ネオ大衆酒場」まで、すっきりしたレモンサワーの味わいが評判になった。

その波に続いたのが、二〇一九年（令和元）から沖縄県を除く全国で販売をスタートさせた缶チューハイ「檸檬堂《れもんどう》」（日本コカ・コーラ）だ。レモンの皮も含めて丸ごとすりおろすという濃いレモンの口当たりがコロナ禍で話題になったことは記憶に新しい。

流布するレモンへの誤解

なぜ人は、レモンに惹《ひ》かれるのか。この謎を考える前に、レモンにまつわる二つの誤解を取りあげたい。

誤解その一は、レモンがビタミンCの王者のように思われていることだ。巷に溢れる「レモン○個分のビタミンC」と表示された食品の数々。出どころは、一九八七年（昭和六二）に農林水産省が制定した「ビタミンC含有菓子の品質表示ガイドライン」だ。健康食品や自然食品といった新しいタイプの食品が増えてきたことを受け、その判断基準を提供するために設けられた指針だった。二〇〇八年（平成二〇）に廃止されたが、清涼飲料業界では今もこの基準を踏襲している。[*11]

基準値の「レモン一個分のビタミンC」は二〇ミリグラム。厚生労働省が定めた一日に推奨される摂取量は一〇〇ミリグラムであることを考えると、意外と少ない。ただし、表示の「レモン一個分（約一二〇グラム）」[*12]に含まれる果汁のみを対象に換算されたものだ。文部科学省の食品成分データベースによれば、果肉まで含めると、生のレモン一〇〇グラム当たりに含まれるビタミンC量は一〇〇ミリグラムになる。

はたしてこの量は多いのだろうか。同データベースでビタミンC含有量のランキングを見ると、レモンは三六位。一位は酸味種の生のアセロラで、一七〇〇ミリグラムと桁違いに多い。レモンより上位を見ていくと、意外なところではせん茶が五位で二六〇ミリグラム、焼きのりが八位で二一〇ミリグラム、生の赤ピーマンが一二位で一七〇ミリグラム。もっともせん茶は一人分が三~五グラム、焼きのりは一枚三グラムが標準だから、一〇〇グラムも摂るのは現実的ではない。とはいえ、同じ香酸《こうさん》柑橘でも生のゆずが一四位で一六〇ミリグラムと、ビタミンCは決してレモンの専売特許ではないことがわかる。

そしてこのランキングを眺めて気づくのは、ビタミンCを多く含むものが必ずしも酸っぱいとは限らないことだ。レモンとビタミンCとが強く結びつけられたため、酸っぱいものにはビタミンCが多く含まれると思いがちだが、レモンの酸味の正体はクエン酸である。これが誤解その二だ。

ただ、誤解が生まれたのも無理はない。レモンとビタミンCは、ビタミンCが発見されるよりもっと前から関係を築いてきたからだ。

はるか昔の大航海時代、航海中のビタミンC不足から起きる壊血病に、レモンやオレンジなどの柑橘類に治療の効果があることを当時の人々はすでに知っていた。一七四七年には、イギリスの海軍医ジェームズ・リンドが壊血病の船員に臨床実験を行い、その治療における柑橘類の有効性を実証した。それから長い年月を経た一九一九年、ジャック・ドラモンドはオレンジ果汁に壊血病を防ぐ物質を発見し、翌年に「ビタミンC」と命名。以来、多くの化学者たちがオレンジやレモンの果汁からビタミンCを取り出そうと試みた。その栄誉を手にしたのは、ハンガリー出身の生化学者セント＝ジェルジ・アルベルトだった。一九二七年、彼が牛の副腎から単離した結晶がのちにビタミンCだったことが判明した。結局のところ、最初にビタミンCを取り出したのは柑橘類からではなかったが、それまでに費やした長い時間は「ビタミンCといえば柑橘類」という思い込みを人々に浸透させるのに十分だった。

植物学者の塚谷裕一《つかやひろかず》は『果物の文学誌』（朝日新聞社、一九九五年）で、おもしろいことを述べている。世界の化学者たちがビタミンCを取り出そうと格闘していた同じ頃、日本でも慈恵《じけい》医大の永山武美《たけよし》は柑橘類やダイコンから、また日本初の女性農学博士である辻村みちよはダイコンのしぼり汁や夏ミカンから、ビタミンCの結晶化に挑んでいた。そして、もしこれが先に成功していたら、「『これ一錠にダイコン三〇本分のビタミンC！』／などという宣伝文句となっていたかもしれない」というのである。

だが、ダイコンだったら、はたしてレモンほどに注意を引いただろうか。塚谷は、「レモン神話は、あのきつい酸味から来る苦痛が発想の源なのではないか」といい、レモン神話を支えているのは「苦痛信仰」だと断じている。酸っぱければ酸っぱいほど、効き目がありそうな気がする――つまり、酸味が健康とリンクし、健康のイメージからビタミンCも混同され、レモンがありがたがられているということだ。

レモン神話を生んだ源が酸味にあるという塚谷の指摘に賛同しつつ、加えてもう一つの要素を挙げてみたい。それはレモンイエローと呼ばれる、あのあざやかな黄色である。

ビタミンCが豊富な酸っぱい果物といえば、レモンのほかにもビタミンC含有量ナンバーワンのアセロラや、一九九七年（平成九）に本格的に輸入が始まったアマゾンのスーパーフルーツ、カムカムなどが浮かぶ。でも、それらはみな赤い。赤は完熟した果実を連想させるため、甘さをイメージさせる。対して黄色の明るさは、若さやフレッシュさを思い起こさせ、酸っぱさと結びつきやすい。

あざやかなレモンイエローとさわやかな酸味、つまり見た目と味とがぴったり重なるからこそ、レモン神話が定着したのではないか。そしてそれは、広告がカルチャーとしてもてはやされた一九八〇年代を通じ、さらに強固なイメージとなっていったのだ。

「塩梅《あんばい》」を忘れた現代の料理

戦後の日本では、酸味のみを取り出して健康のために摂取する時代へと突入した。「酢○○」や激酸商品のような強い酸味を求める一部のハードコア層と、「飲みやすい」を合言葉にマイルドな酸味を求めるその他大勢との共通点は、「健康」というキーワードだ。「健康であらねばならぬ」というプレッシャーが人々と酢を結びつけてきた。

食品に対して健康や病気に与える効果や悪影響を過大評価することを「フードファディズム」と呼ぶ。酢はまさにフードファディズムの権化だ。

では、世界を見渡してみるとどうだろうか。津村文彦《ふみひこ》らが二〇一二年に発表した共同論文「酸味を考える　─酸っぱいものはカラダに良いか?─」では、世界各国でも酸味は体にいいと認識されつつも「『甘酸っぱさ』や『辛酸っぱさ』として料理のなかで味わうもの」とされているという。ひるがえって日本のように「酸味だけが取り上げられて摂取されることはむしろ珍しいこと」だと指摘する。*13

酸味が料理から離れ、健康食品と化したのはなぜか。その第一歩に戦中、戦後の食糧統制の影響があったのではないかと考えている。

当時の人々が入手できたのは、ツンとした刺激臭の強い合成酢だった。その独特なクセのある尖った酸味が苦手という人は少なからずいただろう。しかも食糧不足のなかで、種々の食材と組み合わせて料理することもままならない。家庭料理でいったん酢離れが起きたとしても不思議ではない状況だ。

戦後になって、ようやくまともな酢が手に入るようになったときには高度成長期を迎えて冷蔵庫が普及し、衛生的に酢を使う必要性はなくなった。おまけに食卓の洋風化や調味済みの酢の登場で、かつて和食が得意とした多様な和え酢の料理は忘れ去られていった。取って代わるように一九六〇年代から酢の効用がメディアを通じて説かれるようになる。さらに一九七〇年代の空前のダイエットブームを経て、一九八〇年代に健康食品化が進んでいったのではないだろうか。

そう考えるにいたったのは、昨今のすし屋での赤酢流行りだ。

赤酢は、江戸時代に酢が普及するきっかけになったとされる。米よりも安い酒粕から赤酢がつくられるようになって、今の握りずしの原型である江戸の早ずしは空前のブームを迎えた。だが、戦後に米酢が安く大量生産できるようになると、シャリに色がつかない米酢のほうが好まれるようになる。それが逆に最近では赤酢のほうがまろやかでコクがあると、あえてこだわって使うすし屋が増えている。赤酢は米酢より製造に手間と時間がかかり、今となっては価格も逆転している。合理化によって雑味のある豊かな味わいが失われたことが、酢の不幸の始まりだったのかもしれない。

酸味は、腐敗を示すシグナルだとよくいわれる。だから人間にとって好ましくない味とされている、と。だが、味覚はそう単純ではない。腐敗は、発酵食品という複雑な味わいも生み出すからだ。

酢は料理全体の味のバランスを取ってくれる役割がある。古くから料理の味加減を意味する「塩梅」という言葉がある。ここでいう「梅」は梅酢や梅のように酸っぱいものを指す。つまり、味の要は塩味と酸味との兼ね合いだと考えられていたのだ。

塩味が強いものは、酢を入れるとまろやかになる。醤油をつけた握りずしをたくさん食べられるのは、ひとえに酢飯のおかげだ。居酒屋の塩辛い肴《さかな》にレモンサワーが合うのも、もっともな話なのだ。脂っこいものや甘いものだって、酸味によってさっぱりとした味わいになる。

料理のなかで酸味を十分に生かせず、「体によさそう」と脊髄反射してしまう現代の日本。かつての多様な味わい方を取り戻すには、純粋に酸味のシーソーを楽しむ経験がもっと食卓に必要なのかもしれない。

第五章

【苦味】

日本のビールとコーヒーは「大人の味」か

パパブッシュのブロッコリー嫌い

苦味とおいしさの関係は複雑だ。

苦味は本来、人間にとって不快な味である。酸味が腐敗のシグナルといわれるように、苦味は毒物である可能性を示す。だが、人間は毒物かもしれないものですら煮たり焼いたりして、食の楽しみに変えてきた。もし、この世からコーヒーやチョコレート、ビールが消えたとしたらどうだろうか。魚介の肝や山菜が存在しなかったとしたら？　食卓は今よりずっと味気ないものになるだろう。

「苦い」という言葉には、たしかにマイナスの印象がある。では、「ほろ苦い」となるとどうだろう。途端においしそうな気がしてくるから不思議だ。要は程度問題なのだ。

ほどほどの苦味は味に深みを与える。たとえば秋刀魚《さんま》の肝やイカのわたのほろ苦さは、味に陰影をつくり出す。マーマレードのおいしさも、甘さをぐっと引き締める柑橘特有の苦味があってこそのものだ。

苦味そのものは、嫌われ者かもしれない。だが、別の味や香り、プラスの経験が加わると、「不快」が「快」に反転する。甘味のように、ダイレクトに身体に訴えかける生理的なおいしさではないだけに、苦味を味わうには食体験の積み重ねが必要だとされる。苦味が「大人の味」といわれるゆえんだ。

苦味は最近、注目のトピックらしい。そう気づいたのは、科学的においしさの謎に迫る昨今の翻訳書がどれも苦味について少なからぬ紙幅を割いていたからだ。[*1] 食物に含まれる味物質を感知する「味覚受容体」が発見された二〇〇〇年以降、味覚のメカニズムの解明が進んでいる。そのなかで苦味は、人類の進化をひもとく鍵を握っていると目されているのだ。

そうした翻訳書の一冊、カナダのサイエンスライター、ボブ・ホルムズによる『風味は不思議 多感覚と「おいしい」の科学』(堤理華訳、原書房、二〇一八年)は味覚のみならず、嗅覚や触覚などあらゆる感覚からおいしさを解剖しようと試みている。同書によれば、苦味をキャッチする味細胞《みさいぼう》の受容体は少なくとも二五種類はあり、この世に存在するさまざまな苦味化合物と結合するという。甘味やうま味の受容体がそれぞれ一種類しか確認されていないのとは対照的だ。かすかな苦味でも見逃さないように、人間の体は用心深くできている。

さらに人々を驚かせたのは、人はみな同じように苦味を感じているわけではないという事実が遺伝子によって明らかになったことだ。苦味受容体の構造は遺伝によって異なり、ブロッコリーなどのアブラナ科の植物に含まれるプロピルチオウラシル（PROP）という苦味化合物を苦く感じる人とそうでない人がいることが判明したのだ。その話で決まって引き合いに出されるのは、アメリカの第四一代大統領ジョージ・H・W・ブッシュ（第四三代大統領ジョージ・W・ブッシュの父）のブロッコリー嫌いのエピソードだ。

一九九〇年、ブッシュ大統領は大統領専用機エアフォースワンの機内食メニューから、子どもの頃から嫌いだったブロッコリーを除外するように命じた。そのニュースが報じられるやいなや栄養学者は眉をひそめ、農家は猛抗議を繰り広げた。だが、今となってみれば、大統領は苦味を強く感じるDNAを受け継いだのだろうと、味覚研究者の間では考えられている。

PROPの感受性テストは、味覚の敏感さを測る指標にも使われる。その結果、基本的に何も感じない「ノンテイスター（無感覚型）」、不快な苦味に気づく程度の「ノーマルテイスター（中間型）」、強烈な苦味を感じる「スーパーテイスター（敏感型）」の三タイプに分けられる。自分がどれに当てはまるのか気になるところだが、ただ、ある人が苦味に敏感だからといって必ずしも苦味嫌いになるわけではない。そこが、苦味の一筋縄ではいかないところだ。

前掲の『風味は不思議』で、遺伝学者のダニエル・リードは「感じた味覚が好みに直結するとはかぎりません」と語る。好き嫌いを決めるのはあくまで脳であって、学習が可能だという。

また、知覚科学者のベヴァリー・テッパーは、スーパーテイスターは「食の冒険家」とそうでない人の二種類に分かれると主張する。同じように強い苦味を感じても、保守的な人は経験則からできるだけマイルドな食べものを選ぶ（パパブッシュはこのタイプだったのだろう）。一方で、食に貪欲な人は、たとえ強烈な苦味を感じたとしても、好奇心にそそられて何度もチャレンジするうち、その味に慣れ親しむようになる。苦味に敏感でも、冒険を恐れなければ、さまざまな食体験を経て大の苦味好きになる可能性があるのだ。

「若者のビール離れ」は本当か？

苦味の複雑さを踏まえたうえで、まずは近年盛んに叫ばれている「若者のビール離れ」を読み解いていきたい。なぜならその原因としてよく挙げられているのが、若者の「苦味嫌い」だからだ。

苦味をテーマに取りあげた朝日新聞二〇〇五年（平成一七）五月一日朝刊の記事では、

「ビールらしさの源は苦みだが、それを嫌う人は若い層を中心に増える一方」というビールメーカー社員のコメントを掲載し、「苦み離れ」が進んでいると報じている。[*2]読売新聞二〇〇八年九月二〇日夕刊では、ズバリ「若者　お酒も『味覚の幼児化』」「苦いビール苦手」という見出しが躍る。

当の記事の主軸に据えられているのは、立教大学で当時三〇年以上にわたって学生の食生活指導にあたってきた管理栄養士、時友正子《ときともまさこ》の発言だ。それは「苦味というのは大人の味。それが分からないのは味覚が幼児化しているから」というもの。時友は、ビールが避けられる理由として「ハンバーグやカレーばかりを食べて育った今の若い人は、ほろ苦さや酸っぱさといった味覚に出会ったことがない」と語り、「ピーマンは苦いから嫌い、という子供と同じ」と手厳しい。

だが、「若者の〇〇離れ」が一面的な捉え方だと批判されることが多いように、「若者のビール離れ」も単純に若者のせいにしてしまっていいのだろうか。そう思ったのは、昭和の終わりに発売されたアサヒビールの「スーパードライ」が浮かんだからだ。

スーパードライは一九八七年（昭和六二）、「飲むほどにドライ」のキャッチコピーでデビュー。「後味の残らないスッキリとした喉ごしのよさ」という新感覚の味わいが評判となった。以降、雪崩を打ったように競合他社からもスッキリ味のビールが発売され、日本のビールの味を決定的に変えたとされている。アサヒビールはこのヒットで二〇〇一年(平成一三)、業界トップの座をキリンビールから四八年ぶりに奪還した。

アサヒビールの偉業を追ったノンフィクションは数冊あるが、ルポライターの大下英治《おおしたえいじ》による『アサヒビール大逆転　男たちの決断』(講談社＋α文庫、二〇〇三年)を見てみよう。

同書によると、開発の方向性を決定づけたのは、消費者五〇〇〇人を対象にした嗜好調査だった。その結果、明らかになったのは、これまでの苦くて重い味のビールは消費者、とくに若い人たちに好まれないという現状だった。近年の日本人の嗜好の変化を顧みても、食事の洋風化にともない、濃厚な肉料理を好む傾向にある。そうした食事に合わせ、これからはあっさりした飲みものが求められるようになるにちがいないと開発陣は考えた。そこで「苦味が強く重い味ではなく、よりすっきりしたクリアな味のビール。何杯飲んでも飲み飽きないビール。コンセプトは、〝味感

図5-1　アサヒビールが1987年に発売した「スーパードライ」。

がさらりとした、後味がすっきりした、いわば辛口のビール〟。これでいこう」と意見がまとまったと記されている。

苦くて重い味のビールは消費者、とくに若い人たちに好まれない——。この言葉に、既視感はないだろうか。若者は「苦いビールが苦手」という先述の読売新聞の記事が書かれたのは二〇〇八年（平成二〇）のことだ。しかし、その二〇年ほど前からすでに若者は苦味を嫌っていたのである。だとするなら、それ以前はどうだったのかが気になってくる。

戦中の原料不足が変えたビールの味

国産ビールが日本で製造されるようになったのは明治の初めだが、全国津々浦々まで浸透したのは戦後のことだ。戦前から大都市や地方都市周辺ではよく飲まれていたが、どちらかといえばビヤホール、西洋料理屋、カフェーなどの飲食店で飲むのが一般的で、家で飲む人は限られていた。家庭の晩酌にまでビールが進出したのは高度成長期に入り、冷蔵庫が普及した一九六〇年代とされる。

戦後にビールが普及する地ならしをしたのは、皮肉にも戦時統制だった。一九四〇年（昭和一五）に米の統制が始まり、清酒が大幅に減産された。その反動でビールの需要が増し、同年にはビールの配給も始まった。もっとも家庭への配給は割当も少なく、全国に行き渡ったわけではない。だが、軍隊用や軍需産業に従事する産業戦士用といった特別枠があり、そこで初めてビールの味を覚えた人も少なくなかった。

ただ同時に、戦時統制はビールの味も変えてしまった。

ビールの配給が始まったのと同じ一九四〇年に酒税法が制定され、三五年ぶりに原料の規定が変更された。それまではビールの主原料である麦芽（モルト）、ホップ、酵母、水のほか、副原料として米の使用が認められていた。酒税法では、副原料に米以外のでんぷん類や着色料などの使用が認められ、使用量の制限も麦芽の重量の一〇分の三から一〇分の五に緩和された。[*3]

副原料は本来、味を調整したり、風味づけをしたりするために使われる。しかし当時の改正は食用の米を確保するためにビールに使われる米の量を減らし、そのぶん、他のでんぷん類で補うのが目的だったことはいうまでもない。

さらに戦争が長引くなか、一九四二年（昭和一七）には麦も統制された。ただ、実際にビールの味がすぐに大きく変わったわけではなかった。キリンビール編『ビールと日本人 明治・大正・昭和ビール普及史』（三省堂書店、一九八四年）によれば、原料事情が激変したのは戦況が悪化した一九四四年（昭和一九）だという。米はもはやあまり使われず、他のでんぷん類に置き換わり、麦芽の使用量も減っていった。乏しくなる一方の原料で増える一方の需要を賄おうとするのだから、当然、味は薄く淡白になっていった。

戦後も統制がしばらく続いたが、一九四九年（昭和二四）に酒類の自由販売が解禁されると、都市にビヤホールが復活した。同年、大日本麦酒は日本麦酒（現・サッポロビール）と朝日麦酒に分割された。当時、ビールを生産していたのは大日本麦酒と麒麟《きりん》麦酒の二社だけで、大日本が全国のビール総生産量の七割以上を占めていたため、過度経済力集中排除法の適用を受けたのだ。

肝心の味はといえば、原料不足が尾を引き、戦時中とたいして変わらなかった。朝日新聞一九五〇年（昭和二五）六月一五日朝刊の「戦後酒の生態」と題した記事には、「昔の日本のビールに使われていた米が今ではまかりならず、それに本場ドイツのホップがはいらず、味は確かにおちている。三社の製品とも統制原料の味、しろうとにはちょっと区別がつかない」とある。

原料である大麦の割当がようやく撤廃され、晴れて自由にビールを生産できるようになったのは一九五四年（昭和二九）のことだ。しかし、ビールの苦味のもとであるホップの量は戦時中に減ったまま、もとには戻らなかった。前掲の『ビールと日本人』には、その量は「戦後は、戦前の使用量のほぼ半分にすぎない」とある。

日本ワインの発展に寄与した麻井宇介《うすけ》による『酒・戦後・青春』（世界文化社、二〇〇〇年）には、一九五四年に母校の東京工業大学の研究室で繰り広げられた会話が記されている。

その年、焼酎で知られる寶酒造《たから》（現・宝ホールディングス）がビール事業への参入を発表した（一九五七年にタカラビールを発売、一九六七年に事業撤退）。教授が「ニッポンだってアサヒだってキリンだって、みんな同じ味のところへ、もう一つ同じ味のがふえたって、意味ないのね。それとも違った味のビールをつくるのか？」と疑問を呈すると、先輩が「違った味だったら誰も飲みませんよ」と断言する。その理由を問われ、先輩は「日本人は戦時統制以来、嗜好まで画一化されてしまったから」と答えている。

どのメーカーだろうと、たいして味は変わらない。そんな身も蓋もない指摘は、当時の雑誌からも読み取れる。

一九六〇年代の雑誌には、たびたび「ビールの飲みくらべ」記事が登場する。たとえば『週刊読売』一九六三年（昭和三八）五月二六日号の「ビールの味『ちがう』『同じだ』論争」、『サンデー毎日』一九六八年六月二三日増大号の「ビールの〝味〟を飲み分けられるか」などなど。日本消費者協会発行の『月刊消費者』でも一九六七年五月号で「ビールの味覚テスト」と題して銘柄を当てるテストを行っている。参加者二八一名のうち、サッポロ、アサヒ、キリン、サントリー、タカラの五銘柄をすべて当てた人はたったの七人。対してすべてハズレた人は六〇人という結果だった。ほかの記事も、ほとんどの人がメーカーによる味の違いがわからないという結論で一致している。

戦時中の原料不足を引きずった淡白化。そして大手寡占による画一化。ビール好きなら、日本でつくられているビールの大半が、苦味を抑えたすっきりした味わいのピルスナー系のラガービールだということを知っているだろう。「苦味嫌い」うんぬん以前に、戦争が変えたビールの味に長きにわたって慣らされてきたのである。それこそ多様なビールのおいしさを学ぶ機会がなければ、苦味がきいたビールを好きになりようもない。

喫茶店ブームで花開いた文化

日本の若者は、はたして「苦味嫌い」になったのか。その疑問を考えるべく、ビールと同じ苦い飲みものの代表であるコーヒーがたどった道に目を向けてみよう。

日本でコーヒーが大衆化したのは、ビールと同じように戦後である。

戦前から都市部では喫茶店文化が花開き、一九三七年（昭和一二）にはコーヒー豆の輸入量は戦前最大を記録した。*4だが、同年から始まった日中戦争、続く太平洋戦争がその普及の前に立ちはだかった。戦況が激化するにともないコーヒー豆の輸入は途絶えてしまう。苦肉の策で大豆やとうもろこし、大麦などを煎った代用コーヒーでしのぐ冬の時代に突入した。

状況は戦後になってもしばらく変わらなかった。戦中に隠匿されていた豆や連合軍から放出された豆が出回ることもあったが、わずかな量だった。待望の輸入再開が実現したのは一九五〇年（昭和二五）のことだ。

一九六〇年（昭和三五）には生豆の輸入が完全自由化され、同年には国産初のインスタントコーヒーも森永製菓から発売された。一九六五年（昭和四〇）には島根県浜田市の珈琲店「ヨシタケ」の店主、三浦義武が開発した世界初の缶コーヒー「ミラ・コーヒー」が登場。さらに一九六九年（昭和四四）、上島《うえしま》珈琲（現・UCC上島珈琲）が「UCCコーヒーミルク入り」を発売し、コーヒーの大衆化を加速させた。

「戦後のコーヒー嗜好は、空前の盛況で、最近、インスタント・コーヒーが出現してから

図5-2　喫茶店の事業所数と従業員数

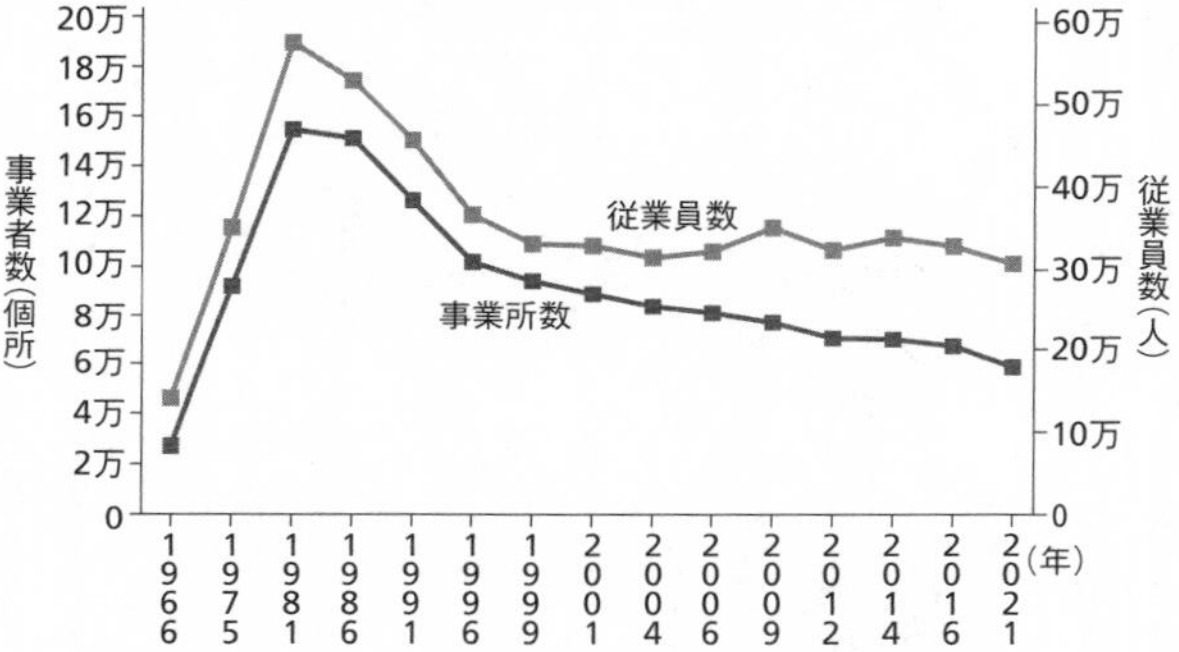

出典：全日本コーヒー協会

は、どこまで伸びるか知れない勢いとなった」。これは、一九六二年（昭和三七）から翌年にかけて読売新聞に連載された獅子文六《ししぶんろく》の小説『可否道《かひどう》』（新潮社、一九六三年）に出てくる一文だ。同小説には、茶道ならぬコーヒー道を打ち立てようとするコーヒー通が登場し、当時のコーヒー熱の高まりが描き出されている。

　そうした勢いに乗って、全国で喫茶店の開店も相次いだ。一九六六年（昭和四一）に約二万七〇〇〇店だったのが、一九七五年（昭和五〇）には約九万二〇〇〇店に急増。その後も脱サラブームに乗って個人経営の喫茶店は増え続け、一九八一年（昭和五六）には一五万五〇〇〇店弱に達し、ピークを迎えた。[*5]

　当時、主流だったのはヨーロピアンスタイルの濃いコーヒーだ。それは戦前の昭和初期に喫茶店が急増したときからの傾向である。なかでも専門店を自負する店主たちは、競うように焙煎《ばいせん》や淹《い》れ方にこだわり、独自のコーヒー文化を築いていった。[*6] その一例が、喫茶店ブーム真っ最中の一九七五年（昭和五〇）に開業し、二〇一三年（平成二五）まで東京・青山で営業していた伝説の店「大坊《だいぼう》珈琲店」だろう。店主の大坊勝次《かつじ》がネルのハンドドリップで一滴ずつ淹れるさまは、まさに茶道に通じる身のこなしだった。そして小さなカップに入って出てくる漆黒の液体は、飲むというより舐めるように味わう濃さだった。

こだわりの一杯を提供する専門店が切磋琢磨する一方で、安く手軽に飲めるチェーン店も増加した。そうした店でとくに人気を博したのがアメリカンコーヒーだ。

進駐軍がもたらした「薄い」コーヒー

アメリカンコーヒー、略して「アメリカン」は和製英語である。いつからそう呼ばれるようになったかは諸説あるようだが、「アメリカンスタイルのコーヒー」の略語として、自然発生的に広まっていった可能性も十分考えられる。

アメリカンスタイルとは、浅煎りの豆を粗く挽いて抽出した、酸味が強いコーヒーのことを指す。アメリカではコーヒーを日常的に大量に飲むため、苦味の少ないマイルドな味が好まれるようになったといわれている。だが、日本では転じて薄いコーヒーを意味することも多い。なかには、通常のコーヒーを湯で割って出す店もあったほどだ。

それまでのヨーロピアンスタイルが受け継がれる一方、戦後にアメリカンスタイルが広まったのは、それが占領統治時代の置き土産だったからだ。

コーヒーチェーン「サザコーヒー」の創業者である鈴木誉志男《よしお》は、二〇二二年発行の季刊誌『珈琲と文化』第一二八号で、アメリカンコーヒーの発祥に関する新たな仮説を提示した。それは、茨城県ひたちなか市など全国各地にあった進駐軍の基地の売店（ＰＸ）から広まったという説だ。

鈴木が主張するように、基地はアメリカンの発信源だったにちがいない。ただ、それはルートの一つであって、進駐軍と人々とが接触するあちらこちらで同時多発的に同様のことが起きていたのではないだろうか。

たとえば箱根の富士屋ホテルは戦後、進駐軍に接収され、一九五四年（昭和二九）になって一般営業が再開した。昭和の喜劇王として知られる古川緑波《ふるかわろっぱ》は、その二年後にホテルに滞在し、「殺風景な部屋の飾りも、照明も、食物の味も、みんな、アメリカ式になってしまった」ことをしきりに嘆き、朝食のもの足りなさに不満を漏らしながら「アメリカ流」のコーヒーを「ふんだんに」飲んだことをエッセイに綴っている。*7

日本でいち早くアメリカンスタイルのコーヒーを提供した喫茶店もまた、進駐軍とのかかわりがあった。

横浜・馬車道にあった「珈琲屋」は一九五五年（昭和三〇）頃に開店し、一九九一年（平成三）に惜しまれながら閉店した。その閉店の報を伝える朝日新聞一九九一年三月六日朝刊には、開店のいきさつが記されている。*8 店主の安藤彦郎《よしお》は、もとはアメリカ進駐軍相手にカメラ屋をやっていたが、「どうせやるなら変わった店を」と当時は珍しかったカウンター式の喫茶店を開いた。提供したのは、アメリカ軍将校との付き合いで覚えた薄いアメリカン。開店当初は「濃くたてたコーヒーを小さいカップで飲むのがおいしい」とされていたため周囲に反対されたが、だんだんと人気が出てきたとある。

進駐軍とのかかわりを通して知られていったアメリカンは、一九六〇年代に入って徐々に市民権を得ていく。

今も銀座に本店を構える「トリコロール」は、昭和三〇年代前半に百貨店を中心に出店した、コーヒースタンドの先駆けだ。一九五三年（昭和二八）に横浜の百貨店・野澤屋に開店して以降、本格的にチェーンを展開した。

開店当初のメニューは定かではないが、一九六二年（昭和三七）五月二七日号の『週刊現代』には、数寄屋橋《すきやばし》ショッピングセンター（現・銀座ファイブ）の店舗が紹介され、「普通のコーヒーが飲みたければアメリカン・コーヒーと名指しすればいい」と書いてある。なぜ「普通のコーヒー」とわざわざ断っているかというと、同チェーンはエスプレッソマシンで淹れる「イタリアン・コーヒー」もウリにしていたからだ。

また『月刊食堂』一九六八年（昭和四三）六月号では、当時一〇五店まで増えていた同チェーン店の好調ぶりを伝えるなかで、「（髙島屋百貨店の）売れ筋はアメリカンコーヒー五〇円、イタリアンコーヒー四〇円、ホットドックが売れ、売上げの八割をコーヒーで占めている」と記している。

当時は濃いエスプレッソと薄いアメリカンが同居していたのである。だが、時代はアメリカンに軍配を上げた。

『週刊Heibon』一九八四年（昭和五九）一月二六日号には「アメリカンコーヒー大流行の火付け役」として、ハマヤ珈琲代表取締役の小島仁三郎《こじまにさぶろう》という人物を紹介している。一九六九年（昭和四四）、小島が開発した豆を帝国ホテルが採用すると、ほかの一流ホテルも次々とこの豆を使い始める。そこでホテルブレンドとして市販すると、「さっぱりした味を好む女性のあいだで好評」となり、一九七八年（昭和五三）頃から「アメリカンはしだいに一般化し、すっかりコーヒーの主流になってしまった」という。

一九七八年五月二日の読売新聞夕刊に掲載されたコーヒーの雑学コラムでも[*9]「いま若い人たちの間では、アメリカンスタイルの薄いコーヒーが人気を呼んでいる」とある。コーヒー通ならいざしらず、それまでコーヒーを飲み慣れてなかった女性や若い人にとって、マイルドなアメリカンは親しみやすかったのだろう。

一九七〇年代はアメリカのフランチャイズチェーンが日本に続々と上陸した時代でもある。有名なのは一九七一年（昭和四六）に銀座で一号店をオープンしたマクドナルドだが、その三年後の一九七四年には、ファミリーレストランのデニーズが横浜の上大岡に一号店を開業している。デニーズは、開店当初からおかわり自由の「アメリカンコーヒー」がメニューに載っていた。豊かなアメリカ社会への憧れもあいまって、苦味の穏やかなコーヒーを大きなカップでがぶ飲みするスタイルが流行ったのだ。

ただし、昔ながらの濃い味を好むコーヒー通にとって、アメリカンは邪道に映っていたことも断っておきたい。一九六六年（昭和四一）から翌年にかけて雑誌に連載された三島由紀夫の長編小説『夜会服』では、主人公の絢子《あやこ》がハワイのホテルで「まるで色の薄い、小豆《あずき》のとぎ汁みたいなコーヒー」を茶碗に注ぎ、そのあまりの薄さに「まだよく出ていないわ」と勘違いするシーンがある。そこで夫の俊男は次のように言う。

「典型的なアメリカン・コーヒーだね。アメリカはどこへ行っても、大衆はこういう薄いコーヒーを好くんだよ。カフェ・エスプレッソなんか飲むのは一部のインテリだけだね*10」

このセリフはのちの変化を考えると、なかなかの皮肉だ。日本の大衆はこぞってアメリカンを飲むようになり、一方、本場のアメリカではこの種のコーヒーは隅に追いやられ、エスプレッソが台頭することになるからだ。

アメリカンからエスプレッソへ

二〇一五年（平成二七）に「ブルーボトルコーヒー」一号店が東京の清澄白河にできたとき、「サードウェーブコーヒー」という言葉がメディアをにぎわせた。

サードウェーブコーヒーとは、アメリカで一九九〇年代後半から始まった新たなコーヒーの潮流だ。浅煎りのシングルオリジンの豆をハンドドリップで淹れるのが流儀とされる。

ちなみにファーストウェーブは、コーヒーが上流社会から一般大衆へと広まった一九世紀から一九六〇年代までの大量生産、大量消費の時代を指す。いわゆるアメリカンコーヒーの時代である。セカンドウェーブは、深煎りの豆をエスプレッソで濃く抽出した「シアトル系」コーヒーの隆盛だ。そのムーブメントを牽引したのが一九七一年に開業した「スターバックス コーヒー」である。

マイルドなアメリカンから苦味の強いエスプレッソへ。日本もその流れに、二五年ほど遅れて追随した。

スタバが日本に上陸したのは一九九六年(平成八)だ。一九八〇年代終わりからのイタめしブームを下地に、ラテやキャラメルマキアートなどの目新しさも加わって、濃いエスプレッソはまたたくまに人気を博していく。もっとも、たっぷりの乳脂肪分や甘味なしで、エスプレッソの強い苦味がこれほど受け入れられたかは疑問だ。

そしてもはやスタバが日常に溶け込んだ頃、またしても遅れて、苦味より酸味を重視したハンドドリップのコーヒーへの転換期が到来した。なお、ブルーボトルコーヒーが開店した二〇一五年は、四七都道府県で唯一、スターバックスがない県だった鳥取県に一号店が開店した年でもある。

図5-3　2015年、鳥取県で初のスターバックスが誕生。開店前日から行列ができた。（写真：共同通信社提供）

サードウェーブコーヒーで興味深いのは、ブルーボトルコーヒーの創業者であるジェームス・フリーマンが日本の喫茶店文化に影響を受けたと公言していることだ。ハンドドリップのお手本は、一九七〇年代の喫茶店ブームから独自に研究を続けてきた専門店の店主たちだった。

アメリカンに眉をひそめ、独自の道を歩んできたコーヒーの探求者たち。対して、アメリカンからエスプレッソへと流行に敏感に反応してきた若者たち。両者が邂逅したのが、日本におけるサードウェーブコーヒーなのかもしれない。

かくして日本は、昭和の純喫茶からチェーンのコーヒーショップ、コンビニまでさまざまな場所で好みや気分に合わせ、多種多様なコーヒーを味わうことができるようになった。最近では、サードウェーブの揺り戻しからか、トルココーヒーやベトナムコーヒーなど苦味の強いコーヒーにミルクや砂糖を入れて飲むのも話題になっている。人々の嗜好は、酸味と苦味の間を行き来し、思い思いにその味を楽しんでいるのが現状だ。

戦争の断絶によって、苦味の弱いものが一世を風靡したのはビールもコーヒーも同じだった。だが、そのあとが違った。コーヒーの現状をみるに、決して若い人は「苦味嫌い」とは言えないのである。

少数派から多数派になったブラックコーヒー

若者が苦味嫌いになったのではないことは、コーヒーの飲み方からもうかがえる。

昭和の喫茶店と今どきのカフェとの違いに、シュガーポットの有無がある。思えば、昭和の喫茶店の卓上には必ずシュガーポットが置いてあった。客はそこからカップに好きなだけ砂糖を入れ、コーヒーを飲むのが当たり前だった。

ポットの中身はグラニュー糖や角砂糖、琥珀色をしたコーヒーシュガーもあった。コーヒーシュガーは、カラメルで着色した氷砂糖の一種だ。溶けるのに時間がかかり、飲んでいるうちにだんだんと溶けて甘くなる。混ぜているうちに宝石のような塊が少しずつ小さくなるのを見るのが好きだったが、今となってはめっきり見かけなくなった。

では、昔の人はどのぐらい砂糖を入れていたのだろうか。コーヒー研究家の井上誠が一九七〇年（昭和四五）に著した『コーヒーの本』（読売新書）をめくってみよう。

同書では砂糖やミルク、クリームなどは「各人の好みに従ってさしつかえない」と断ったうえで、「砂糖は普通のカップで一〇グラム程度が至当」だと記している。現在市販されているスティックシュガーの主流は一本三グラムだ。一〇グラムといえば、三本以上入れることになる。やはり、かつてはかなり甘くして飲んでいたのだ。

シュガーポットが卓上から姿を消していき、代わって登場したのが、衛生管理がしやすい使い切りのスティックシュガーだ。しかし、それすら黙って出てくるわけではなく、「砂糖、ミルクはお使いですか」とあらかじめ聞かれることが多くなった。砂糖やミルクを添えても手をつけず、ブラックで飲む人が増えたせいだろう。

食品科学を中心とした著作を多く残した河野《こうの》友美《ともみ》は一九八〇年（昭和五五）刊行の『日本人の味覚』（玉川大学出版部）で、「コーヒーが一般によく普及してからの年月が浅いせいか、コーヒーを飲む場合、ずい分甘くして飲む人が多い」現状にふれ、「まだ甘味をたっぷり要する状態、つまり、子どもの嗜好に似ているのではないか」と指摘している。つまり、子どもは甘いミルクコーヒーを入り口にしてその苦味に親しんでいくが、日本人とコ

図5-4　コーヒーの飲み方の変化

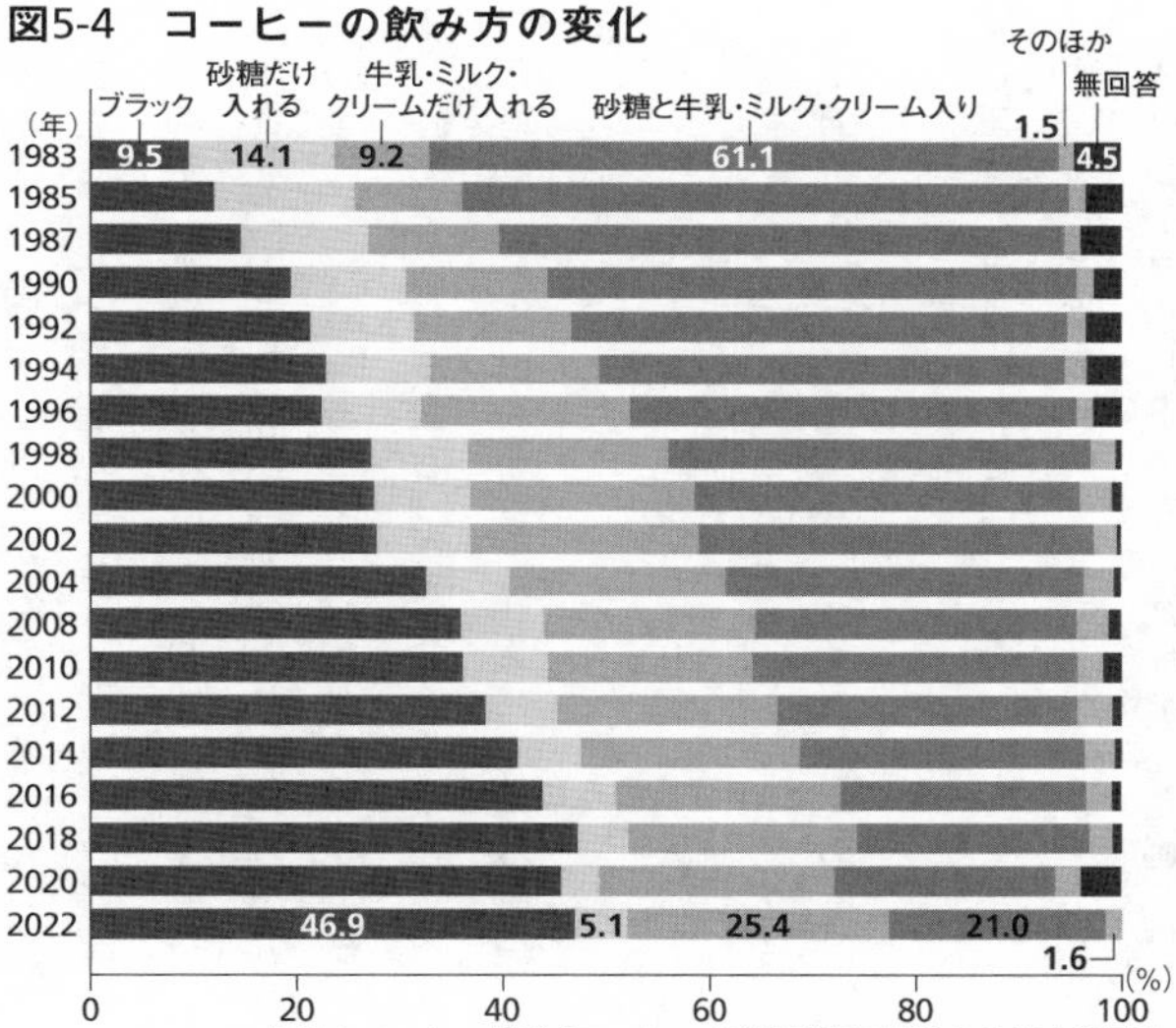

全日本コーヒー協会「コーヒーの需要動向に関する基本調査」「コーヒー需要動向調査」から作成

ーヒーとの付き合いはまだその段階にあって「本当に苦味そのものを味わうまでに至っていない」と容赦ない。

　そう書かれたときから四〇年余り。三章で述べたように、一九九〇年代に無糖の缶コーヒーが人気を博したあたりから潮目が変わったのだろう。今では少なからぬ人がブラックでコーヒーを飲んでいる印象がある。

　そこで全日本コーヒー協会の消費動向調査をたどってみた。現在と比較可能なデータのうち、もっとも古い一九八三年度（昭和五八）

のデータと最新データとをくらべてみた。*11

まずはコーヒーをブラックで飲む人の割合を見ると、一九八三年度はたった九・五％だったのが、二〇二二年度（令和四）には四六・九％と約五倍に激増している。一方、砂糖と牛乳などの乳製品の両方を入れる人は一九八三年が六一・一％だったのに対し、二〇二二年は二一・〇％と三分の一近く減っている。また乳製品を入れる、入れないにかかわらず、砂糖を入れる人の割合を合算すると、一九八三年は七五％を超えていたのが、二〇二二年は約二六％。つまり、四人に三人は砂糖を入れていたのが、約四〇年で四人に一人に減ったということだ。

甘くないコーヒーに親しむ人が、少数派から多数派へと見事に逆転したことがはっきりと数字に現れている。河野の表現を借りるなら、長い年月をかけて、ついに日本人もコーヒーの苦味がわかる大人に育ったのである。

苦くなるチョコレートやビール

苦味嗜好は昨今、チョコレートにも及んでいる。

スタバがコーヒー業界に旋風を巻き起こしたのと同じ頃、チョコレートも苦味の強い高カカオの商品が登場した。一九九七年（平成九）に森永製菓から発売された「カカオ70」である。翌一九九八年には、明治製菓（現・明治）から「高ポリフェノール」を謳った「チョコレート効果」も発売された。

だが、苦いチョコレートはスタバのようにすぐに話題にはならなかった。「チョコレート＝甘いお菓子」という先入観が強かったからだろう。受け入れられるには、人々の意識を変える必要があったのだ。

図5-5　楠田枝里子著『チョコレート・ダイエット』（幻冬舎）。

高カカオチョコのブレイクのきっかけをつくったのは、二〇〇四年（平成一六）に出版された楠田枝里子著『チョコレート・ダイエット』（幻冬舎）だ。

同書では、チョコレートに食物繊維やミネラルが含まれていることを紹介し、適切に選んで食べれば「チョコレートこそ、ダイエットの救世主なのです！」と高らかに宣言した。太ると思っていたチョコレートでダイエットができるなんて、と多くの人は驚いたにちがいない。はたしてダイエットに疲れた層に、この提案は魅力的に映った。以来、「美容」「健康」というキーワードの下でメーカーの開発合戦が始まった。その戦いを激化させたのが、二〇一五年（平成二七）から始まった「機能性表示食品」の制度だ。「機能性表示食品」は科学的根拠を届け出れば、企業の責任において効果や安全性を表示できる。国の認可が必要な「特定保健用食品」と違ってハードルが低いため、こぞってメーカーは「機能性チョコ」を売り出した。そして今やチョコレート売り場には食物繊維入り、プロテイン入り、乳酸菌入り……と、まるでサプリメントのような商品が並ぶ。

一方、変わらないと思われたビール業界にも変化の波が押し寄せている。きっかけとなったのは、近年のクラフトビールブームだ。

クラフトビールをつくる小規模の醸造所（マイクロブルワリー）が誕生したのは、一九九四年（平成六）に酒造法が改正されてからだ。ビールの最低製造量が年間二〇〇〇キロリットルから六〇キロリットルへ大幅に引き下げられ、大手でなくても参入できるようになった。当時は「地ビール」と呼ばれて話題になったが、ほどなくして下火になった。なかには製造技術や品質管理に問題があるものもあり、「高いだけでおいしくない」というイメージがついてしまったからだ。

だがその後、技術の向上にともなって味も改善され、二〇一〇年（平成二二）頃から「クラフトビール」という新しい名が広まるにつれて、再び注目を集めるようになった。火つけ役ともいえるビールは、「IPA（インディア・ペールエール）」と呼ばれる苦味の強いビールだ。それはつまり、「若者のビール離れ」が単なる「苦味嫌い」ではなかったことを示している。

二〇一八年（平成三〇）の酒税法改正では、戦時統制下から引き継がれてきた麦芽比率が三分の二の約六七％からさらに五〇％にまでに引き下げられ、果実や一定のスパイスやハーブの使用も認められるようになった。また、発泡酒や第三のビールを含めたビール系飲料の税率が二〇二六年（令和八）には同じになることが決まっている。

コーヒーは個人店からチェーン店、焙煎所まで幅広い販売形態があるからこそ、多様な味わいが担保されている。一方、多様化の道をようやく歩み始めたビールが、今回の改正ではたしてどう変わるかは今のところ未知数だ。

流行の「焦げ」は万人が楽しめるのか

戦争でリセットされた日本人の舌は、戦後を通じて再び苦味を学び直してきたといえるのかもしれない。そのなかで、新たな苦味の流行の兆しもある。それは「焦げ」だ。

焦げの正体は、加熱によって糖とアミノ酸などが結合するメイラード反応だ。この反応によって食品は褐色になり、香ばしい風味を生じる。カラメルやご飯のおこげを想像してもらえるとわかる通り、ほどよい焦げには、心地よい苦味がともなう。コーヒーの苦味も、じつは焙煎時のメイラード反応から生まれる。総じて好き嫌いが分かれる苦味のなかで、「焦げ」は数少ない万人受けする味といえるだろう。

最近知り合った味覚の研究者が「料理の世界では、これから苦味がきますよ」と言っていた。それを聞いて、パズルがピタッとはまる気がした。数年前から、家庭料理のレシピ本で野菜をじっくり焦がすシンプルな料理が目につくようになった。他方、ガストロノミー界隈で薪火《まきび》料理が世界的に流行しているのが気になっていた。両者をつなぐキーワードが「苦味」なのだ。

薪火料理の先駆者は、スペインのバスク地方にある「アサドール・エチェバリ」だ。オープンは一九九一年だが、注目を集めるようになったのは二〇〇八年の世界のベストレストラン50で初登場四四位にランクインしてからである。[*12] また、同店で修業したシェフが二〇一五年にオーストラリアのシドニーで開業した「ファイヤードア」も話題だ。この店では電気もガスも一切使わず、薪火だけで調理することで知られている。

日本でも二〇一〇年代後半から、薪火料理を看板にした店がちらほら現れ、話題になっている。二〇二三年（令和五）一一月には「『薪火料理』をプロの料理人向けに解説する日本初の書籍！」というふれこみで『料理人のための 薪火料理A to Z』（グラフィック社）という本が出版された。また同年に放映された、若き天才シェフたちを描いたTBSドラマ『フェルマーの料理』の第一話に登場した料理は、野菜を焦げ目がつくまで炒めたナポリタン、皮ごと焦がしたじゃがいものピュレを使った肉じゃがの再構成料理と、まさにメイラード反応がテーマだった。

薪火料理への傾倒は、時代の趨勢からみても自然な成り行きかもしれない。

少し前まで料理界で流行っていたのは、フランスの物理化学者エルヴェ・ティスによって一九八八年に提唱された「分子ガストロノミー」だ。それは料理を科学的に捉え、世界中から集めてきたあらゆる食材を実験のように調理し、新たなおいしさを発見しようとする試みだ。その反動が薪火料理なのではないだろうか。

数字では単純に置き換えられない「火」という調理の原点への回帰。さまざまな試行錯誤が重ねられてきたガストロノミー界隈で、複雑な風味と苦味をコントロールしておいしさに変換することは、たしかに最後のフロンティアなのかもしれない。

だが、ここでふと考え込んでしまった。苦味を好きになるか否かは、多様な味の世界が開けていることが前提になる。とはいえ、万人がその世界に簡単にアクセスできるわけではない。大手企業による寡占化が崩れて多様な世界が開けても、今度は学びの格差があらわになる。ひいてはそれは、経済的な格差にもつながっていく。

チェーン店の料理や大手メーカーの食品はマスを相手にするだけに、往々にしてみんながおいしいと感じる最大公約数の味を狙わざるを得ない。ゆえに苦味の複雑さはジャマになり、画一的な味になりがちだ。だからといって、誰もが割高なクラフトビールや、コースで二万円を超えるような高級レストランの薪火料理を普段から味わえるわけではない。懐に余裕がなければ、新しい食材に挑戦してみようという気も起こらないだろう。また、仮にそうした食材を手に入れても、料理リテラシーがなければ好みの味に仕立てるあげることもままならない。

苦味さえもおいしいと感じるようになった人間。「大人の味」を享受できるかどうかは、個々の冒険心と社会の成熟度、その両方にかかっているのだ。

第六章　【辛味】引いては熱くなる激辛ブーム

控えめだったトウガラシ

知り合った頃は辛いものが苦手だと言っていた友人が、キムチを口にしたのをきっかけに、次第に辛いものにハマっていった。折しもタイ料理をはじめとしたエスニック料理が流行っていた一九九〇年代半ばのことだ。いつしか激辛のトムヤンクンにも動じなくなった彼女の姿を通し、人は辛さに慣れ、さらに辛いものを求めるようになることを目の当たりにした。

その頃から約四半世紀。激辛ブームは寄せては返す波のように定期的に到来する。日本人がこれほど辛さを求めるようになった源流はどこにあるのだろうか。

辛味はこれまでみてきた基本五味（うま味、塩味、甘味、酸味、苦味）とは異なり、味覚ではない。辛味は五味のように味細胞で感じるのではなく、刺激として痛みを感じる痛覚や、温度変化を感じる温覚に作用する。トウガラシを食べたときに、ヒリヒリと熱く感じるのはそのせいだ。英語ではトウガラシの辛さを「hot（熱い）」と表現するが、それは脳の反応からいっても的確に言い当てていたことになる。

日本で使われてきた辛味の食材といえば、ワサビ、サンショウ、ショウガ、ニンニク、カラシ、コショウ、トウガラシなどが思い浮かぶ。ほかにダイコンやネギといった香味野菜も外せないだろう。そのうち新参者ながら、今や辛味ネタの中心に君臨しているのがトウガラシだ。

トウガラシが伝来した経路や時期には諸説あるが、普及したのは江戸時代である。

トウガラシの用途は、食用はもちろん、薬の原料や防虫剤、観賞用と多岐にわたっていた。エレキテルで有名な平賀源内（一七二八〜八〇年）は、トウガラシの図鑑『蕃椒譜《ばんしょうふ》』も著していた。同書では六一品種が形と色によって大まかに分類され、手描きの絵で紹介されている。また博物学者の伊藤圭介（一八〇三〜一九〇一年）が明治初めに著した『番椒図説』では、五二品種のイラストがページを埋め尽くしている。「蕃椒」または「番椒」とは、外国から来たコショウという意味で、トウガラシを指す。

松島憲一《けんいち》著『とうがらしの世界』（講談社、二〇二〇年）によれば、こういった文献から、「一七〇〇年代には日本全国で様々なトウガラシが栽培されていたことがわかる」という。また、現在日本で確認できる在来品種は「ざっと数えてみると、四〇品種」のため、江戸時代のほうが品種の多様性が大きかったと考えられると述べている。

とはいえ、ほぼ同じ時期に伝わったとされる韓国が真っ赤なチゲやキムチを生み出したのと異なり、日本料理でのトウガラシの使い方はずっと控えめだった。

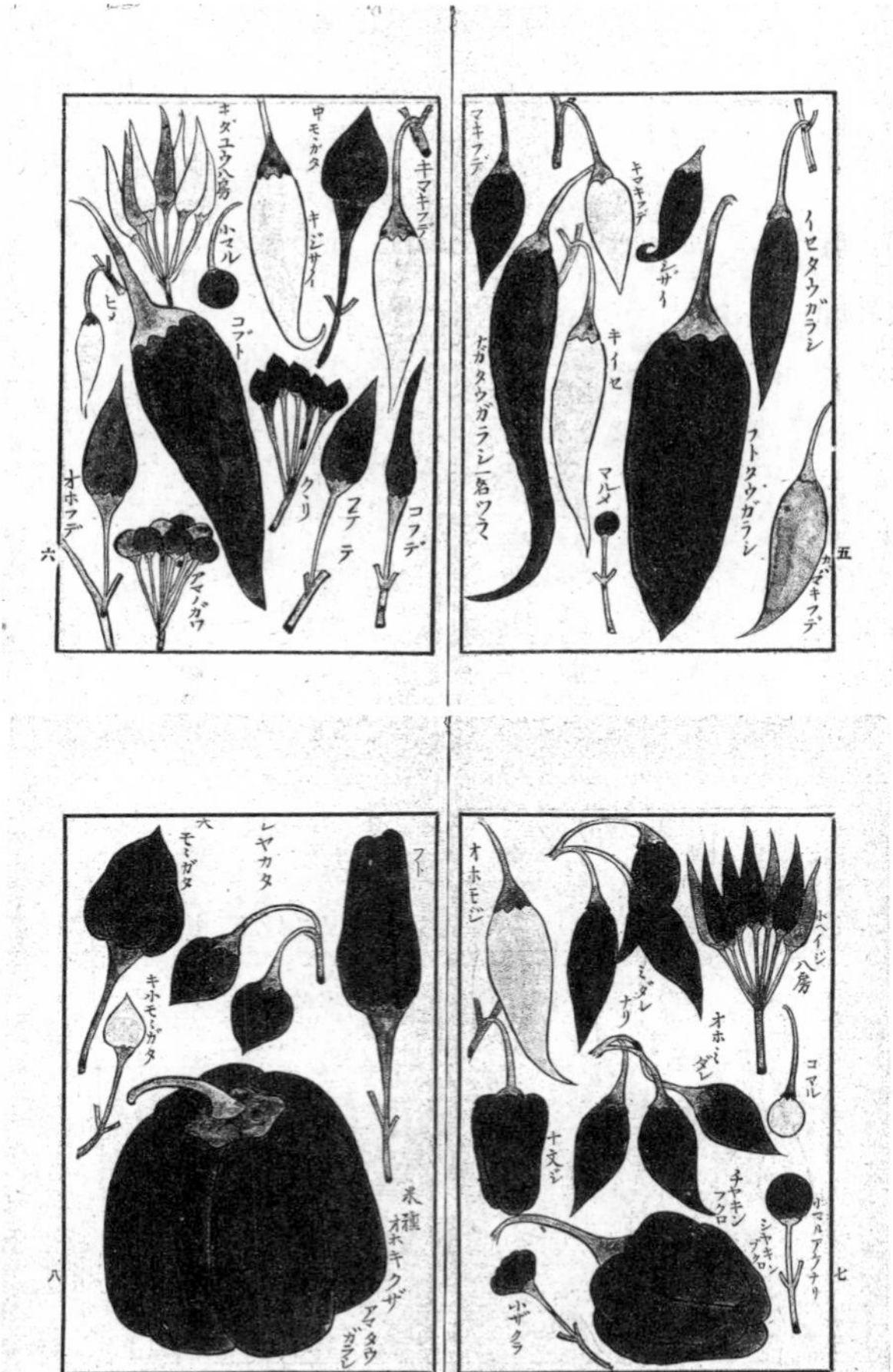

図6-1　伊藤圭介著『番椒図説』に描かれたさまざまな品種のトウガラシの絵。（国会図書館蔵）

一味唐辛子や七味唐辛子に代表されるように、トウガラシは味のアクセントとしてほどほどに加えられていることが多い。それは、ワサビやショウガといったほかの辛味食材とも共通している。そんな辛味の〝ワンオブゼム〟でしかなかったトウガラシを一躍主役へと押し上げたのは、異国の見知らぬ料理だった。

麻婆豆腐を伝えたテレビ発の料理家

異国からやってきた辛い料理といえば、まずカレーが思い浮かぶ。イギリスを経由して明治から大正にかけて普及した、今や誰もが認める日本の国民食である。ただ、カレーはトウガラシが主役というより、ミックススパイスであるカレー粉が受け入れられたフシがある。

トウガラシが料理にがっつり入り込んでくるきっかけとなった料理は何だろうか。探してたどり着いたのが、戦後に家庭料理として根づいた麻婆豆腐《マーボードウフ》だ。刺激的な辛さが持ち味の四川料理でありながら、ここまで日本の食卓に溶け込んだ料理はほかにないだろう。

背景として考えられるのは、一九五〇年代に中国料理が幅広い層へ浸透したことだ。戦前に中国料理店といえば、広東や福建などの料理を出す高級店が中心だった。しかし戦後、引き揚げ者が餃子を出す店を始めるなど、安価でボリュームのあるメニューが人気を博した。また、中国の内戦を逃れて日本へ渡ってきた人々によって、中国各地の料理が紹介されるようになったことも大きい。

麻婆豆腐をお茶の間に広めた最大の功労者は、当時急速に普及していたテレビだった。四川飯店の創業者で、陳建一の父として知られる陳建民が最初にNHK『きょうの料理』で紹介したという記述をたまに見かけるが、これは事実と異なる。初めて麻婆豆腐を披露したのは中国出身の料理研究家、王馬熙純《おうまきじゅん》である。『きょうの料理』の放送開始から二年後の一九五九年（昭和三四）一一月四日放送で、王馬は「中華風豆腐料理二種」のうちの一品として紹介した。

そのときの番組テキストをみると、「マポドウフ」とフリガナがふられ、「ひき肉と豆腐の唐がらしいため」と説明が書き添えられている。レシピでは、本場四川でよく使われる牛ひき肉の代わりに安価な豚ひき肉を使い、豆板醬《トウバンジャン》をみそとトウガラシで代用し、つくりやすいように工夫されていた。今でこそ家庭でも豆板醬を使うが、その点を除けば今つくられているレシピとほぼ変わりない。

王馬は、その前年に刊行した『中国料理』（柴田書店）でもすでに麻婆豆腐を紹介していた。茹でたり揚げたりした材料をスープで煮こみ、片栗粉でとろみをつけた「燴《ホイ》」の一品として取りあげ、「家庭の惣菜に向く、手軽に出来る即席料理」で、ご飯に合うと勧めている。

今でこそ彼女を知る人は少なくなっているが、テレビ黎明期に中国料理を伝えた功労者の一人である。当時は、ほかに張掌珠《ちょうしょうじゅ》、沈朱和《ちんしゅわ》といった中国料理を担当する看板講師がいた。みな裕福な家庭の妻であり、その憧れも相まって、中国料理のイメージアップにつながった。しかもこの三人はみな、麻婆豆腐を紹介している（張は一九六一年六月一三日、沈は一九六四年五月二六日）。それだけ反響の大きかった料理だったということだろう。

では陳建民が、麻婆豆腐で番組に出演したのはいつだろうか。

陳建民著『さすらいの麻婆豆腐』（平凡社、一九八八年）や陳建一著『ぼくの父、陳建民』（大和書房、一九九九年）では、昭和三四年にNHKの番組に出たと記されている。しかし先に述べたように、同年に初めて麻婆豆腐を紹介したのは王馬熙純である。番組テキストをすべて確認したが、陳建民が登場した形跡はない。

答えは、番組の制作に長年携わってきた河村明子による『テレビ料理人列伝』（日本放送出版協会、二〇〇三年）にあった。同書によれば、陳建民が麻婆豆腐で初出演するのは一九六六年（昭和四一）四月だという。ただ残念なことに、テキストの掲載はなく、実際のレシピを確認することはできない。だが、おそらくは愛嬌のある話しぶりで視聴者を惹きつけ、麻婆豆腐の知名度を上げるのに大いに貢献したにちがいない。

CMが広めた「麻婆豆腐の素」

麻婆豆腐のレシピがテレビの料理番組を通じて広まっていった頃は、餃子に欠かせないラー油も浸透していった時期と重なる。エスビー食品から「中華オイル」として市販のラー油が発売されたのは一九六六年（昭和四一）である。

また同時期、トウガラシを使った洋風調味料であるタバスコも普及した。タバスコが日本に初めて伝わったのは戦後の昭和二〇年代で、本格的な輸入が始まったのはピザやスパゲティが広まった昭和三〇年代以降だ。

じつはタバスコをピザやスパゲティにかけるのは、日本独自の使い方だ。本場アメリカではスープの隠し味、ステーキやドレッシングの調味料に使われることが多い。タバスコの歴史を追った読売新聞一九九三年（平成五）八月一九日朝刊の記事では「スパゲティにかける日本独特の食べ方は、当時タバスコの輸入・販売を手掛けていた赤峰俊氏（故人）

が、苦心の末に考え出したといわれる」と記されている。[*1]

新しいトウガラシの調味料が、昔なじみの七味唐辛子と同じように「振りかける」という使い方によって受け入れられたというのは興味深い。ラー油もしかりだが、これまでと同じ感覚で料理にあとからアクセントとして使う調味料の普及が、麻婆豆腐よりもひと足先にトウガラシの辛さへの抵抗感を薄れさせた面もあっただろう。

その後、麻婆豆腐をさらに広めたのは、一九七一年（昭和四六）に丸美屋から発売された「麻婆豆腐の素」だった。

図6-2　丸美屋が1971年に発売した「麻婆豆腐の素」。

日本初のレトルトカレー「ボンカレー」が大塚食品工業（現・大塚食品）から発売されたのは一九六八年（昭和四三）だ。ときはインスタント食品が花開いた時期である。すでにいくつかの中華系のインスタント調味料が売り出され、市場に受け入れられていた。

日本缶詰協会（現・日本缶詰びん詰レトルト食品協会）発行の業界誌『缶詰時報』一九七一

年八月号には、「江崎グリコ、ミツカン、タマノ井酢に代表される酢豚の素は4年前ころから売出されたが、最近はすっかり定着した商品となっており、メーカーの地道な実演販売などで浸透をみた」とある。酢豚の素の成功に乗って八宝菜の素も登場し、さらに「このところ麻婆豆腐の素がミツカン、丸美屋、常陸屋本舗などから売出され、中華風の粉末調味食品が賑わいをみせている」と多様化する市場の活況ぶりを伝えている。[*2]

丸美屋が売り出したのはひき肉入りの濃縮ソースと、とろみ粉を個別にパックしたもの。他社がどのような商品だったかはわからないが、先駆けとして今に伝わるほど丸美屋製品が有名になったのは、いち早くテレビコマーシャルを打ったからだろう。

麻婆豆腐研究会『麻婆豆腐大全』(講談社、二〇〇五年)によれば、「麻婆豆腐の素」のテレビCMがオンエアされたのは発売の翌年だった。もともと丸美屋は新商品の宣伝媒体として、テレビというメディアに早くから注目していたという。当時、すでに創業からの主力商品であるふりかけの名前とブランド力を、CMを通じて浸透させていた。「麻婆豆腐の素」でも同じ手法がとられ、「発売当時には15秒、30秒といったいわゆる『CMタイム』だけでなく、生放送の情報番組の中に実演CMを挿入することもあったほど」だった。

丸美屋の麻婆豆腐のCMといえば、「麻婆といったら丸美屋〜」という決めフレーズとともに、一九九二年からCMに出演してきた三宅裕司《ゆうじ》の顔が浮かぶ。ちなみに初代の看板タレントは食通で知られる俳人の楠本憲吉《くすもとけんきち》だった。テレビCMに力を入れる戦略は昔からのお家芸だったのである。

その効果は絶大で、一九七七年（昭和五二）には五〇〇〇トンまでに市場規模は拡大し、そのうち丸美屋がシェアの半分を占めるようになった。*3

一九六〇年代にテレビの料理番組を通じて知られるようになった麻婆豆腐という新しい異国の料理。それをさらに有名にしたのもまたテレビのCMだった。麻婆豆腐はいわばテレビの申し子だったのである。

油の普及と辛味の変化

トウガラシの辛味が注目される一方、昔なじみのワサビやカラシにも変化が訪れていた。一九七〇年（昭和四五）、エスビー食品からチューブタイプの「洋風ねりからし」が登場した。続けて同社から一九七二年に「和風ねりからし」「ねりわさび」が発売された。

それまで広く一般に使われていたのは、水で練って使う粉ワサビや粉カラシだった。『味百年　食品産業の歩み』（日本食糧新聞社、一九六七年）をもとに、チューブが登場するま

図6-3　わさびの生産量

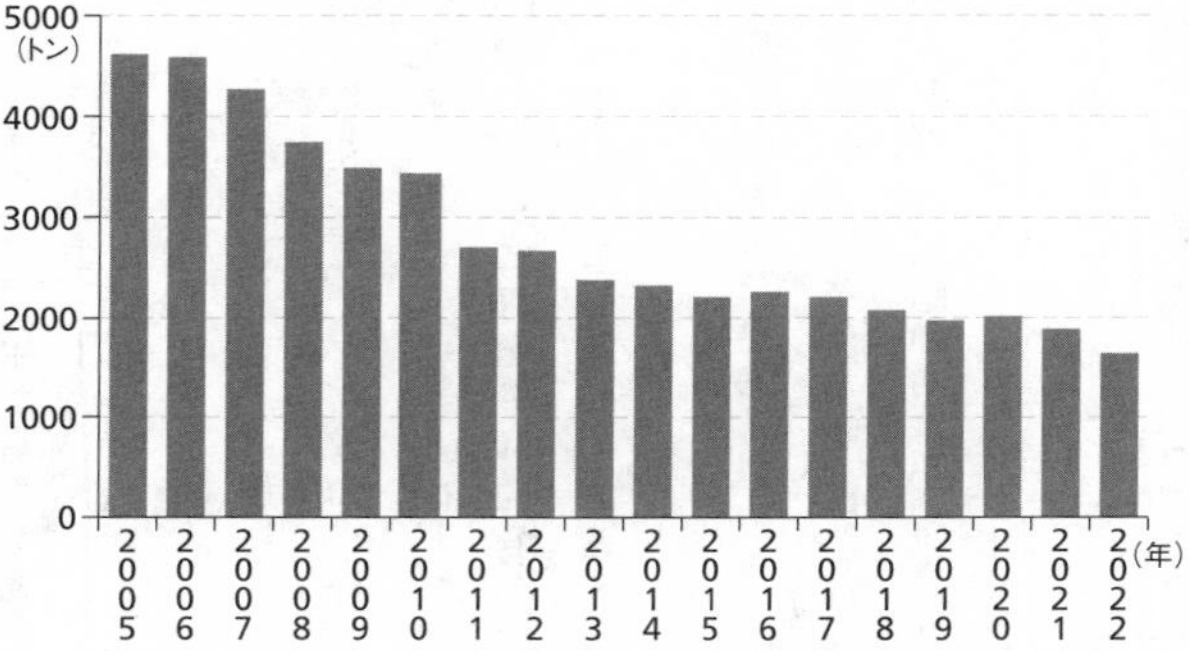

出典：農林水産省「特用林産物生産統計調査」

での歴史を簡単に追ってみよう。

粉カラシは明治維新後に企業生産が始まり、納豆やなすのカラシ漬けなど戦前から大きな需要があった。一方、粉ワサビは大正時代から生産が始まったものの量産化がむずかしく、普及したのは一九四八年（昭和二三）頃。しかもその中身は、日本固有種のワサビではなく、西洋ワサビ（ホースラディッシュ）だった。

近年、日本のワサビの生産量が減少し、問題になっている。農林水産省の「特用林産物生産統計調査」によると、日本のワサビの生産量は二〇〇五年（平成一七）の四六一四・五トンから、二〇二二年（令和四）には一六三五・四トンと約六五%も減り、[*4]各地で存続が危ぶまれているのが現状だ。

粉カラシも同様に、戦前まで主役を務めた和カラシ（オリエンタルマスタード）の国内栽培が戦後になって姿を消し、もっぱら輸入に頼るようになっていた。さらに一九五八年（昭和三三）頃になると、強い辛味のある和カラシに代わって甘みのあるソフトな洋カラシ（ブラウンマスタードやホワイトマスタード）へと転換した。

チューブタイプの登場は、粉を練るひと手間を省いてくれた。だが、それが辛味好きにとってよかったことなのかはわからない。

ワサビやカラシの辛味成分は、細胞が壊れることによってシャープな辛味を生じ、揮発しやすいという性質がある。辛味が鼻にツンときたあと、スーッと消える。そのためチューブ入りでは、辛味を持続させる工夫が原料や容器によってなされているが、開封から時間が経てば経つほど辛味はどうしても飛んでしまう。チューブ入りが主流になったことで、本来の魅力を発揮しにくくなっているのだ。

一方、トウガラシの辛味成分であるカプサイシンは、口のなかが焼けるように熱くなる辛味で、遅れてじわじわと辛さが持続する。

また、カラシやワサビの辛味成分は熱に弱く水に溶けるのに対し、カプサイシンは熱に強く、油に溶けるという違いもある。カラシやワサビは水を飲むと辛さが収まるが、トウガラシに対しては無駄な抵抗である。トウガラシの辛さをやり過ごすには、脂肪分がある牛乳やヨーグルトを摂るのが正解だ。

辛味の食材は、日本ではなぜ添えものにすぎなかったのか。

前掲の『とうがらしの世界』の著者である松島憲一は、味の素食の文化センター編『Vesta』第一一五号（二〇一九年）のトウガラシとワサビの特集で、大量にトウガラシを使う韓国と日本との違いにふれ、「この両国の差は肉食文化であるか魚食文化であるかの違いに起因すると説明されることがあるが、肉食文化が進んだ国が必ずしも唐辛子を多用するとは限らないので、その説明には私は納得がいっていない」と疑問を呈している。[*5]

私なりに考えてみたが、その要因は、日本の料理が油を使わない「煮る」を中心とした〝水の料理〟だったからではないだろうか。

ワサビやカラシは、煮たら辛味が飛んでしまう。一方、水だけでトウガラシを調理すると、辛味がきつすぎてしまう。トウガラシの辛味は、油のコクがあってこそ引き立つ。日本で、油脂を使う料理が広く普及するのは戦後だ。七章で詳述するが、昭和三〇年代に「一日一回フライパン運動」が起き、一日一度はフライパンを使って炒めものを食べようと油の摂取が広く呼びかけられた。そこに現れたピリッと辛い麻婆豆腐は、まさに時代の歯車が噛み合い、日本の食卓に受け入れられた一皿だったのではないかと考えている。

「マー活」の到来

麻婆豆腐が日本の食卓に紹介されてから約半世紀経った二〇一八年(平成三〇)、本格的な四川の麻婆豆腐が話題になり、「マー活」と呼ばれるブームまで起きた。

「マー活」とは、「麻《マー》」を味わうこと。四川料理の特徴は「麻辣《マーラー》」といわれ、「麻」は花椒《ホワジャオ》の清涼感のあるしびれる辛さを表し、「辣」はトウガラシのホットなヒリヒリする辛さを意味する。

麻婆豆腐は、言うまでもなく四川の代表的な「麻辣」料理だ。ちなみに麻婆豆腐の「麻」はしびれではなく、あばたを意味している。清朝の時代、この料理を最初につくったとされる陳婆さんにあばたがあったため、「あばたのあるお婆さんがつくる豆腐料理」として命名されたという。発祥とされる店は「陳麻婆豆腐」という名で現在も成都にあり、日本にも進出している(なお陳婆さんと、日本で麻婆豆腐を広めた陳建民とは一切関係がない)。

余談だが、日本語では辛味を表現しようとすると、すべて「辛い」のひと言に集約されてしまう。中国語では「麻」、「辣」以外に塩辛さを意味する「咸《シュン》」もあるし、英語でも

「hot（トウガラシの辛さ）」、「spicy（香辛料の辛さ）」、「salty（塩辛さ）」などと呼び分けられている。その解像度の低さからいっても、日本はもともと辛いものに対する関心が薄かったことがよくわかる。

話を戻すと、マー活とは花椒を使った〝しびれ料理〟を食べることを指す。花椒の独特な香りと突き抜けるような辛さにハマり、マイ花椒を持ち歩いたりする人たちまで現れた。飲食店では花椒とトウガラシを使った「しびれ鍋」が流行り、加工食品では麻婆豆腐はもちろんスパゲティソース、カップめんまで幅広く商品化された。

つまり、日本で昭和三〇年代以降に広まった麻婆豆腐は当時手に入りにくかった花椒を省略した、「麻」なしの「辣」だけの麻婆豆腐だったわけである。そこから約半世紀の時を経て、ようやく本場の辛さが広く知れ渡ったのだ。

マー活は、俗に「第四次激辛ブーム」といわれる。では、それまでどんな激辛ブームを経てきたのか、振り返ってみよう。

新人類と激辛バブル

いわゆる「第一次激辛ブーム」が盛りあがったのは、一九八五年（昭和六〇）から一九八六年にかけてのことだ。エスニック料理の流行は一九八〇年代の後半から一九九〇年代を通して起きたとされる。最初の激辛ブームは、ちょうどその始まりと機を同じくしていた。

エスニック料理が人気になる兆しは数年前からあった。一九六四年（昭和三九）に海外渡航が自由化されて以降、徐々に増えていた海外渡航者が、円高に後押しされて一九七〇年代の終わりから一九八〇年代にかけて急増した。旅先で刺激的な辛い料理にハマった人も多かったのだろう。

国内でもタイ料理店やベトナム料理店が増え、一九八二年（昭和五七）にオープンした東京・代々木のカンボジア料理店「アンコールワット」では連日行列ができるほどの大盛況となった。「エスニック料理」とは本来、民族料理の意味だが、日本では主に東南アジアや中南米、アフリカなどの料理を指す。

図6-4　湖池屋が1984年に発売した「カラムーチョ」。

そうしたなか一九八四年（昭和五九）に湖池屋から発売されたのが、メキシコ料理をヒントに開発された「カラムーチョ」だ。チリ味をベースにした細いスティック状の元祖激辛スナックである。発売当初こそ苦戦したものの、若年層を中心にコンビニで売れ始め、大ヒットになった。

同じ頃から辛さをウリにした商品が続々と登場する。カップめんでは、一九八五年（昭和六〇）に発売されたベルフーズ（現・クラシエ）の「カラメンテ」を皮切りに、翌年にはエースコックの「大辛ラーメン　カライジャン」、サンヨー食品の「どん辛」などが続いた。

辛い料理としておなじみのカレー界隈も、負けじと辛さのグレードアップに励んだ。ルーではエスビー食品が「ゴールデンカレー特辛」（一九八四年）を売り出せば、木村屋總本店が大辛カレーパン（一九八五年）を発売。一九七四年（昭和四九）に一号店をオープンし、「〇倍カレー」とカレーの辛さを段階的に選べる店としてすでに知られていたカレーチェーン「ボルツ」も、これを機に激辛ランチを提供し始めた。

勢いにのって一九八六年（昭和六一）には、「激辛」が新語・流行語大賞の銀賞に選ばれる。名づけ親として表彰されたのは、東京の老舗煎餅《せんべい》店「神田淡平《あわへい》」だ。一九七一年から一味唐辛子をびっしりまぶした真っ赤な「激辛・特辛子」という煎餅を発売していたことが、ブームによって注目された。

このブームのなかで、キムチや辛子明太子といった辛い食品も定着した。当時の新聞や雑誌を見ていると、まるで食品業界を挙げて激辛祭りを開催しているような熱狂ぶりである。はてはトウガラシの争奪戦まで起き、「激辛ブーム ウハウハ うまい儲け／トウガラシも買い占め 売り惜しみの汚い戦争」（『週刊現代』一九八六年一一月二二日号）と週刊誌の話題にもなるほどだった。

激辛はストレスの多い不況時に流行るといわれるが、そうとは限らない。このときはバブルへと突き進む途上だった。

『週刊読売』は一九八五年（昭和六〇）八月一八日号でいち早く「夏バテなんてイッキ解消 この激辛料理」という特集を組んでいる。その導入部には「辛味の世界へ足を踏み込むと、食そのものが冒険になる。華麗なるアドベンチャー、それが辛味の魅力である」とあり、その無邪気な筆致に驚く。誌面で紹介されているのは韓国料理、スリランカ料理、ブラジル料理、メキシコ料理といった各国料理からスナック菓子までバラエティに富んでいる。

思えばカラムーチョの初代パッケージには、「こんなに辛くてインカ帝国」などのダジャレがちりばめられていた。当時の若者は「新人類」と呼ばれ、笑いやパロディーを好み、軽薄さがもてはやされた。一方では「辛さで遊ぶのは味の冒瀆」[*6]などと眉をひそめられつつも、そうした脳天気な時代の空気が、激辛ブームを盛りあげたのだろう。

しかし、そんな狂騒はあっけなく終息した。

一九八七年（昭和六二）のポテトチップスのシェアを見ると、ベスト二〇に入っている湖池屋、カルビーなどの激辛三品目シェアは、三月時点で二四・六％と約四分の一を占めていたのが、八月には一三・八％に急落。[*7] 朝日新聞一九八八年九月三日朝刊では、「あの〝激辛〟はどうなったの?! 1年半…去ったブーム」という記事が載る始末だった。

なかでもラーメンの凋落はとくに早く、同紙面で「『あれは、ほんの一時の流行でした』とラーメンの組合、日本即席食品工業会ははっきりと終息を認める」ほど。「カレーパンは『激』の字のついたものを撤回し、スナックで残った大手メーカーも戦線を縮小」とあり、波が一気に引いていった様子が記されている。しかし、この激辛ブームが辛いものへの抵抗感を幅広く払拭したことは間違いない。

終わりなき辛さの競争

第一次ブーム以降は、断続的に激辛ものが世間を沸騰させてきた。俗に第二次ブームはタイ料理を代表とする一九九〇年代のエスニック料理ブームから始まって、二〇〇〇年代前半の韓国料理ブームで終わるとされる。

激辛ブームの歴史を振り返る『AERA』二〇一九年（平成三一）三月一八日号では第二次ブームの象徴の一つとして、一九九二年（平成四）に日本進出したタイスキの老舗「コカレストラン」を挙げている。[*8] たしかに一九九〇年代にはバックパッカーが増え、東南アジアの料理がより身近になると同時に、手頃な値段の店が日本の町中にも増えた。一方、韓国料理に注目が集まった背景には、二〇〇三年（平成一五）から日本で放送された韓国ドラマ『冬のソナタ』、続いて二〇〇四年から放送の『宮廷女官チャングムの誓い』のヒットがあった。

先述の『AERA』では、この第二次ブームと重なるようにして、第三次ブームは二〇〇〇年代に起きたとしている。第二次との違いとして、「1次、2次ブームは激辛といいつつ程よい辛さがウケていました。一方、これ以降は辛さのレベルが格段に上がっています」というホットペッパーグルメ外食総研研究員のコメントを掲載している。

その一例が「蒙古タンメン中本」だ。閉店していた「中国料理 中本」が二〇〇〇年（平成一二）に激辛タンメンを引っさげて再開し、人気を博した。また、よく引き合いに出されるのは二〇〇三年に東ハトから発売されたスナック菓子「暴君ハバネロ」である。当時、世界一辛いとされていたトウガラシ「ハバネロ」を使った超激辛スナックとあって、話題性は十分だった。

とはいえ、激辛ブームの盛り立て役となった『TVチャンピオン』激辛王選手権の第一回「史上最強の激辛王」が放送されたのは一九九二年（平成四）のことだ。一九九六年には激辛店の評価から激辛除法まで幅広くまとめた『辛ミシュラン　東京うまい店・からい店』（辛ミシュラン編集委員会著、アスペクト）も出版されている。

どれだけ辛いかを競い合うレースは一九九〇年代からすでに始まっていた。第二次以降はもはやブームというより、食のエンタテインメントとして激辛はいちジャンルを築いたといっていい。

トウガラシがあぶり出す国民性

辛味の市場は、その後も激辛とピリ辛を行き来しつつ、話題を振りまいてきた。

二〇〇九年（平成二一）には、沖縄の石垣島にある辺銀《ペンギン》食堂の「石垣島ラー油」が火つけ役となり、フライドガーリックやフライドオニオンなどが入った「食べるラー油」ブームが起きた。この人気に目をつけた桃屋が発売した「辛そうで辛くない少し辛いラー油」は売り切れ店が続出するほどの人気ぶりを誇った。

二〇一二年（平成二四）に「ペヤング 激辛やきそば」で市場に参戦したまるか食品は、その後も激辛商品を投入してきた。「ペヤング もっともっと激辛MAXやきそば」（二〇一七年）、「ペヤング 獄激辛やきそば」（二〇二〇年）、「ペヤング 獄激辛やきそばFinal」（二〇二二年）、「ペヤング 速汗獄激辛やきそば一味プラス」（二〇二三年）と辛さのハードルをどんどんと上げ、激辛YouTuberに格好の話題を提供している。

今回、原稿を書くにあたって近所のスーパーの棚で激辛商品を探してみた。スナック類ではカラムーチョが健在だが、それ以外は皆無だった。カップめんで必ず置いてあったのは、韓国の「辛《しん》ラーメン」。拍子抜けするほど、激辛商品は売り場で存在感がなかった。

ぐるなびの「『激辛料理』に関する調査レポート2021」によれば、「激辛料理が好きか」という問いに、「好き＋どちらかと言えば好き」と答えた人四二・三％に対し、「嫌い＋どちらかと言えば嫌い」が四七・七％と上回っている（『食生活データ総合統計年報2022』三冬社、二〇二二年）。実際には、辛いもの好きはそれほど多くないのかもしれない。

とはいえ、「辛い」のハードルが知らないうちに上がっている可能性もある。激辛商品をチェックした際に、久しぶりにカラムーチョを買って食べてみたが、全然辛く感じないのだ。もちろん食べたあとにピリッとした感触は残るが、これを「激辛」だと騒いでいたなんて一九八〇年代の人々はウブだったな、と思ってしまった。知らないうちに舌が辛さに慣れているのだ。

スチュアート・ウォルトン著『トウガラシ大全　どこから来て、どう広まり、どこへ行くのか』（秋山勝訳、草思社、二〇一九年）では、世界最辛のトウガラシを生み出そうと、アメリカを中心に壮絶なバトルが繰り広げられているさまが描かれている。考えてみれば、日本では在来品種を復活させる動きはあっても、能動的に辛い品種を追求するまでにはいたっていない。

振り返ると、辛いものはいつも異国の風とともにやってきた。

その昔「蕃椒」（異国から来たコショウの意）と呼ばれた時代から、昨今の激辛ブームにいたるまで。トウガラシを使った食べものは、海外からやってきた物珍しい味としてもてはやされてきた。そろそろキムチのようにトウガラシをふんだんに使った和食が登場してもよさそうなものだが、今のところそんな気配はない。今日はタイ料理、明日はインド料理と日常的に辛いものを食べながら、そこには普段とは違う味への期待が込められている。

外からやってきたものをありがたがる一方で、妙に保守的なところがある。そんな国民性をトウガラシは刺激し続けてやまないのかもしれない。

第七章

【脂肪味】「体にいい油・悪い油」の迷宮

おいしさをブーストさせる油脂

サシの入った牛肉にとろける大トロ、カリカリのフライドポテトに濃厚なアイスクリーム。現代のおいしいものには、油や脂肪がつきものだ。

油(脂)は、つややかな見た目となめらかな食感で人々を魅了させる。甘味やうま味、塩味と結びつけば、おいしさをブーストさせる。逆に酸味や苦味、辛味に合わせると、尖った味をマイルドに変えてくれる。スープや煮物にちょっと油をたらせば、コクが生まれる。まさに味をつなぐ潤滑油だ。だから「脂肪味」が昨今、第六の味覚として有力視されていると知り、さもありなんと思った。

二〇〇二年(平成一四)、うま味が国際的に基本味の一つに認定されて以来、世界中で六番目の味覚探しが盛んになった。ほかにカルシウム味、渋味、でんぷん味、コク味などの候補があるが、これまではどれも独自の味であると証明できていなかった。

脂肪味が一歩抜きん出ることになったきっかけは、二〇一九年(平成三一)に九州大学の研究グループが発表したマウスによる実験結果だ。それによると、脂肪酸の味を伝える神経が、ほかの味とは独立して存在することを発見。さらに、甘味やうま味に応答する神経の半分以上が脂肪酸に応答することも判明した。[*1]

ここで少し用語の整理をしておこう。「脂肪味」の「脂肪」は、タンパク質、炭水化物とともに三大栄養素の一つを指し、栄養学では「脂質」と呼ばれる。脂質の主成分が脂肪酸だ。

脂質は、水に溶けないのが最大の特性で、揚げものがカラッと仕上がるのもそのためだ。調理用に精製された油脂のほかに肉類や魚類、卵類、乳製品、ナッツ類といった食品にも含まれる。油脂のうち、コーン油や大豆油など常温で液体のものは「油」、ラードなど常温で固形のものは「脂肪」と区別される。

先の実験結果は、専門知識がなくとも体感的に納得がいく。炭水化物やタンパク質の一グラム当たりのエネルギー量が四キロカロリーなのに対し、脂質は九キロカロリーと二倍以上もある。本来、人間にとってカロリーの高い食べものは善であり、その味を識別できるようになっていたとしても不思議ではない。

また、甘味やうま味と親和性が高いというのも、ついつい手が伸びてしまう食べものを思い浮かべれば容易に想像がつく。

ポテトチップスやドーナツは、油と炭水化物の組み合わせだ。炭水化物は、エネルギー源になる糖質と消化できない食物繊維からなる。つまり、ポテトチップスやドーナツのおいしさの中核にあるのは、甘味と脂質の相乗効果ということになる。

一方、一章で取りあげた無限ピーマンをはじめとする「無限○○」レシピの基本は、顆粒の鶏ガラスープなどのうま味系調味料とごま油の組み合わせだ。こちらは、うま味と脂質が際限ないおいしさを生む例である。

今でこそ、日本の食卓に油や脂肪はなくてはならないものだ。しかし、そのおいしさに開眼したのはそう昔のことではない。

日本人がおいしさに目覚めるまで

「照葉樹林文化論」で知られる中尾佐助によれば、精製油脂が料理に積極的に取り入れられるようになったのは、わりあいに新しい歴史だという。

油脂の料理体系ができ、普通の食品になったのはインドが最古で、中国では明代の頃から、ヨーロッパはそれより遅れたと中尾は推測する。それまで油脂の使い途は寺院への貢納用や儀礼用、燈《とう》用や工芸用、美容も含む医療用が中心で、「人間の栄養のなかで油脂が高い地位を占めるようになったのは、ここ二〇〇年くらいの歴史しかない」という。なぜなら農業の近代化、効率化によって初めて大量供給が可能になったからだ。[*2] さらに日本にいたっては、料理に使う油の量が増えたのは明治時代以降だとしている。[*3]
ただし西洋では、精製油脂の歴史は浅くとも、肉類や乳製品から脂質を摂取してきた。味覚を初めて分類したのは古代ギリシア人だとされるが、アリストテレスは味覚の一つに「脂っこさ」をすでに挙げている。[*4]
一方、日本では天ぷらなど一部の揚げものは存在していたが、全般的に脂っこさとは無縁だった。明治時代になって西洋料理が入ってきて、油脂を使った料理のみならず、肉類や乳製品など一気に選択肢が増えたのだ。
もちろんすぐに普及したわけではない。西洋料理店が増え、カツレツやコロッケなどの料理が知られるようになったのが明治三〇年代。国産初のサラダ油が日清製油（現・日清オイリオグループ）から発売されたのは、一九二四年（大正一三）と大正時代も末である。なお、翌一九二五年には食品工業（現・キユーピー）がマヨネーズの製造を開始している。昭和に入って油やバターを使った料理は徐々に家庭でも取り入れられていくが、全国津々浦々に普及するのは戦後になってからだ。
戦後の食糧難を脱した一九五〇年（昭和二五）の「国民栄養の現状」調査によると、一人一日当たりの脂肪摂取量は一八・〇グラム。食品群別でみると、油脂類はたった二・六

図7-1　1人1日当たりの脂肪摂取量

出典：厚生労働省「国民健康・栄養調査」

グラムしかない。その状況がガラリと変わるのは一九六〇年代を通じてだ。一九六〇年の調査では、脂肪摂取量は二四・七グラム、油脂類は六・一グラム。それが一九七〇年には脂肪摂取量四六・五グラム、油脂類一六・五グラムと飛躍的に増えた。[*5]

背景には、テレビの料理番組や雑誌などのメディアを通じて家庭料理のバラエティ化が進んだこと、農山村まで台所がガス化されたことなどソフト、ハード両面での変化があった。また一九五八年（昭和三三）にキユーピーが、自立式ポリボトル容器入りのマヨネーズ、日本初となるドレッシング「キユーピー フレンチドレッシング（赤）」を売り出し、手軽に使える調味料が登場したことも油脂の消費を後押しした。

そして忘れてはならないのが、栄養改善を目的とした啓蒙活動の存在だ。

全国をまわった「一日一回フライパン運動」

では当時、家庭で油を使った調理をするのにどれほどの心理的ハードルがあったのだろうか。

「油の調理は後始末が面倒であること」、「他の調理に比べて危険が伴なうので気が許せないこと」、「調理をした人自身は油気《あぶらけ》に当てられて食べたくなってしまうこと」。これは一九五五年（昭和三〇）一〇月号『食生活』に掲載された栄養学者の松元文子《ふみこ》による「脂肪をもっと攝《と》るための工夫」と題した記事内で列挙された、油調理が好まれない理由である。

揚げものならいざしらず、料理といえば「フライパンに油を入れて熱する」を当たり前にやっている今、いまいちピンとこない。しかし考えてみれば、水で「煮る」料理だけならば鍋がベタつくこともない。材料を入れてすぐにかき混ぜる必要もないし、匂いも気にならない。おまけに「ケンチン汁など油ものを食べさせると目が悪くなる」[*6]といった言い伝えがある地域まであった。

想像するに、当時の油は今のスパイスに似た存在だったのではないだろうか。いち早く料理に取り入れ、料理に合わせて自在に使いこなしている人がいる一方、決まった料理にだけ使う人、ほとんど使わない人がいる。そんな状況で広く日常的に油を使うように習慣づけるにはどうしたらいいか。そこで考え出されたのが一九六〇年（昭和三五）から始まった、一日に一度はフライパンを使って油調理をしようと呼びかける「一日一回フライパン運動」（以下、フライパン運動）だ。

一九六一年（昭和三六）八月二八日、翌二九日の上下二回にわたって朝日新聞夕刊に「一日一回フライパン運動　—栄養改善普及会・近藤さんの報告—」と題した記事が掲載された。二八日の見出しには大きく「まず油いためを　食卓でも油をたべよう」とある。

栄養改善普及会は一九五三年（昭和二八）、厚生省栄養課技官だった近藤とし子を中心に設立された。その前年に栄養改善法が制定され、厚生省（当時）は栄養改善普及運動と称して食生活の改善を推進するなか、省内で生まれた研究会を母体として発足した。

栄養改善普及運動は、アメリカから押しつけられた余剰小麦を消費するために粉食《こしょく》を盛んに奨励したことで知られる。しかし、前提には国民に対して栄養の知識を深め、バランスのとれた食生活を普及させる目的があった。

当時の農山村の食事を表す言葉に「ばっかり食」「一升飯」がある。かぼちゃならかぼちゃの煮つけやかぼちゃのみそ汁などその時期に採れた作物ばっかりを使い、大量の白米と一緒に食べるという、偏りのある食事が問題視されていた。近藤は、その改善策としてフライパンを使った料理の普及を思いつく。

「戦後『米食偏重』の日本人の食生活の是正には、まず、たん白質と脂肪を補うことだというので、とくに油は貴重品扱いにされ、一日三グラムくらいしか摂っていなかった」ことに目を留めた。そして「油を日常生活のなかでもっと消費すれば、一方で摂り不足の野菜もおいしくかつ効率的に食べられるようにもなり、米に偏した従来の食べ方も米のバイもある油でカロリーが補え、腹もちがいいといった一石二鳥の効果」が期待できると考えたと、回想録『生涯現役――食の語りべ六十有余年の記』（ドメス出版、二〇〇〇年）でいきさつを綴っている。

「油を食べよう」から「油を控えよう」へ

運動で全国行脚をした近藤がわかったことは「油いためをやるにはやっても、せいぜい週に二、三回というのがほとんど」という状況だった（同前朝日新聞）。そこで彼女たちが提案したのは「ヒジキの油いため、ウノハナの油いり」など昔からある料理だった。

その記述を読んで、長年の疑問が氷解した。和食の惣菜というと、もとは油と縁が薄かったはずなのに、今よく作られるものはきんぴらをはじめ、ごま油で炒めてから醤油やだしで煮る料理が多い。それというのもこの時期、油を使ったレシピが積極的に掘り起こされた名残なのではないか。

また、元祖和風ドレッシングを思わせる食べ方も推奨されている。

西洋野菜が入手しやすくなり、家庭でサラダが定番になるのは一九五〇年代の終わりから一九六〇年代にかけてのことだ。野菜に生の油をかけて食べることにまだ抵抗があった人々に勧めたのは、酢と油を混ぜた「くせのない酢油」だった。「食卓で食べる油としては、都市、農村を通じて、どちらかというとくせのあるマヨネーズよりは酢油のほうがとっつきがいい」と実感したからだ。さらにみそ文化の新潟では酢油にみそを混ぜたもの、「一足飛びにサラダ料理とゆかないところ」ではキュウリ、ナス、ピーマン、ニンジンなどの早漬けに油と醤油をかけるなど、全国一律ではなく土地に合わせて提案を変えた。

そうした手取り足取りの指導が効を奏し、油はまたたくまに家庭の食卓に取り入れられていった。高校生のフライパン運動の活動を伝える朝日新聞一九六八年（昭和四三）一一月一八日朝刊で、近藤は「都市部では無自覚に多くとっている家庭が多いので、今度は油の正しい使い方を、キメ細かく指導する方向に活動をすすめたい」と挨拶している。その普及の早さは、運動を推進した人々も想像していなかったのではないだろうか。

それから一〇年足らずで「ヤングは油料理がお好き　いため物文化いまや全盛」という記事が読売新聞一九七七年（昭和五二）一一月一〇日朝刊で書かれ、油の摂りすぎに警鐘が鳴らされている。長いが、引用してみよう。

「学校給食では、パンにバターをぬるばかりか、副菜はパンに合わせた洋風、中華風のため、どうしても油の味覚に慣らされ、家庭でも油味を要望するようになる。調理も伝統的な煮物は時間がかかり、それなりの技術も必要だが、いため物なら短時間に出来て、味つけも簡単。熱源も、まきや炭から火力が強く調節しやすいガスに代わり、いため物が作りやすくなったうえに、三十年代には、粉食運動とともに、栄養改善のために『もっと油利用を』と叫ばれ、いため物が普及していった。そこへさらに洋風化の波が押し寄せ油味嗜好が促進された」

早くもフライパン運動がやり玉に挙げられている。栄養のある食事をつくろうと一生懸命フライパンを振った家庭料理の担い手たちは、あっけなくはしごを外されてしまった。

そして、油をめぐる手のひら返しというべき極端な反応は、その後も続くことになる。

バターvs.マーガリンから始まった善悪二元論

最近、体にいい油、悪い油という言葉をよく耳にするようになった。「『油』ダイエット」（『日経ヘルス』二〇一五年九月号）なんて言葉も飛び出すくらい、「油＝太る」という従来の単純なイメージは変わりつつある。

油の善悪二元論は、もとをたどれば一九六〇年代のアメリカにたどり着く。

一九五五年にアメリカのアイゼンハワー大統領が心臓発作で倒れ、心臓病への関心が一気に高まると、その犯人探しが始まった。ミネソタ大学の生理学者アンセル・キーズは、心疾患と脂肪との関係に着目。バターやラードなどの動物性脂肪や、パーム油、ココナッツオイルなどのトロピカルオイルに多く含まれる飽和脂肪酸が血中コレステロールの上昇を招き、心疾患のリスクを高めるという仮説を提示した。この研究が認められてキーズは一九六一年に『TIME』誌の表紙を飾り、妻との共著『長生きするための食事 特に心臓病・高血圧・肥満症の人のために』（橘敏也訳、柴田書店、一九六一年）はベストセラーとなった。なお、博士はオリーブオイルをベースにした地中海式ダイエットの生みの親でもある。

キーズの仮説には因果関係が説明できないとの反論もあったが、肥満が大きな社会問題となっていた状況で異論はかき消され、飽和脂肪酸は一気に悪者へと転落した。そのイメージダウンは根強く、一九八〇年代から一九九〇年代にかけ、大手の食品企業やファストフードチェーンは動物性脂肪やトロピカルオイルから硬化油への切り替えを余儀なくされた。硬化油とは、常温では固まらない植物油に部分的に水素を添加し、半固形または固形に加工したもので、マーガリンやショートニングの原料になる。

ここで、先の一九六一年（昭和三六）のフライパン運動の新聞記事をもう一度見てみよう。二回目の八月二九日の記事で、近藤はキーズ夫妻の『長生きするための食事』を紹介しながら「リノール酸やリノレイ酸（著者註：リノレン酸）を含む植物性油なら、むしろ動脈硬化の予防としておすすめしたいくらいです」と語っている。そして油脂の摂取量を増やすため、フライパン運動の裏で「目下『一日一度はパンにマーガリン運動』という呼びかけをすることにもなったのです」と締めくくった。

マーガリンといえば、日本では長らく「人造バター」と呼ばれ、バターの代用品として扱われてきた。また、戦後の混乱期には粗悪品も多く出回り、世間の評判は決してよいと

図7-2　雪印メグミルクのネオソフト。
（写真：共同通信社提供）

はいえなかった。

イメージが変わるのは、マーガリンの呼び名が広まってからだ。一九五〇年（昭和二五）から厚生省（当時）は「マーガリン」の呼称を使い始め、業界団体である「日本人造バター工業会」も一九五二年に「日本マーガリン工業会」へ改称。一九五四年には、ロングセラー商品となるネオソフトの前身「ネオマーガリン」が雪印乳業（現・雪印メグミルク）から発売された。粉食の普及のかけ声も手伝って、マーガリンは順調に需要を伸ばしていた。

そこにきて、飽和脂肪酸はよくないというニュースが飛び込んできたのである。日本ではなぜか飽和脂肪酸は動物性油に変換され、動物性脂肪は悪い油、植物性油はよい油という雑な分類が広まっていく。その証拠に、一九八五年（昭和六〇）に厚生省（当時）が策定した「健康づくりのための食生活指針」には「動物性の脂肪より植物性の油を多めに」という文言が入っている。[*7]

バターは動物性脂肪だから〝体に悪い〟。マーガリンは植物性油由来だから、バターよりも〝ヘルシー〟。こうしてマーガリンはまがいもののレッテルを脱ぎ去り、食卓を席巻したのだ。

トランス脂肪酸という新たな敵

バターが敬遠されるようになったアメリカでは、空前の低脂肪ブームがやってきた。食品企業はこぞって低脂肪食品を投入し、ヘルシーを謳った。しかし脂肪を減らしたぶん、物足りないコクやカロリーを砂糖や炭水化物で補うことになり、肥満率を上昇させるという皮肉な結果を生んだ。

さらに悪いことに、救世主と思われた硬化油に致命的な欠点がみつかった。

一九九〇年代初頭、栄養学研究の第一人者であるハーバード大学のウォルター・ウィレットは、硬化油をつくる際に生じるトランス脂肪酸こそが悪玉コレステロール（ＬＤＬ）を増やし、善玉コレステロール（ＨＤＬ）を減らし、心疾患のリスクに関係していると指摘した。つまり、マーガリンは思ったよりもずっと〝体に悪い〟油だったことが明らかになったのだ。

飽和脂肪酸から硬化油への切り替えを済ませた大手食品メーカーやファストフードチェーンは、再び矢面に立たされた。二〇〇三年、ナビスコ社の「オレオ」とマクドナルドのポテトに対してトランス脂肪酸を含むことを理由に訴訟が起き、いずれもトランス脂肪酸の排除を約束して決着した。

同年、世界保健機関（WHO）と国連食糧農業機関（FAO）がトランス脂肪酸の摂取量を一日の総カロリーの一％以内にとどめるように勧告。デンマークをはじめ、各国で規制や表示の義務づけが進んだ。訴訟が相次いだアメリカでも、二〇〇六年からすべての加工食品にトランス脂肪酸の含有量を表示するように義務化された。風当たりの強さはやまず、二〇一五年にはトランス脂肪酸が多く含まれる硬化油を原則禁止にすると発表し、二〇一八年から実施されている。

日本はいつも遅れてアメリカのあとを追ってきた。一九八九年（平成元）に理研ビタミンが業界初のノンオイルドレッシング「リケンのノンオイル　青じそ」をリリースし、一九九一年（平成三）にキユーピーがカロリー五〇％カットしたマヨネーズ「キユーピーハーフ」を発売。一気に低脂肪食品市場が盛りあがった。

違ったのは、トランス脂肪酸に対する規制である。アメリカで表示義務が始まった二〇〇六年（平成一八）から、日本の大手メディアでも報道されるようになり、民主党政権下の二〇一〇年には表示義務が検討された。しかし、業界の大反発を受け、見送りになったまま今にいたっている。理由は「日本人のトランス脂肪酸の摂取量は、平均値で、総エネルギー摂取量の0・3％である」ため、「通常の食生活では健康への影響は小さい」と考えられているからだ。[*8]

だが、それはあくまで平均値である。総エネルギー摂取量に占める脂質の割合は二〇％以上三〇％未満が目標量として推奨されているが、三〇％を超えている人は、二〇歳以上の男性で約三五・〇％、二〇歳以上の女性で約四四・四％に及ぶ。[*9] その背景には、炭水化物を控え、脂肪分とタンパク質を多く摂るローカーボ（低炭水化物）ダイエットの流行が影響しているのかもしれない。

とまれ、脂肪を多く摂っていたら、そのぶんトランス脂肪酸の摂取量が増えていたとしてもおかしくない。二〇一六年（平成二八）に一部改正された「食生活指針」には「脂肪は質と量を考えて」とある。[*10] 質を考えようにも、表示すらなければ判断できないと思うのだが、違うだろうか。

溢れる「背徳系」と「健康系」の油脂食品

マーガリンの分が悪くなった目下、世界で繰り広げられているのは「バター論争」だ。

二〇一四年、ケンブリッジ大学が主導した大規模な研究プロジェクトで、長く悪者になっていた飽和脂肪酸の摂取と心疾患とのリスクには相関関係が認められないとの結果を発表した。これによってアメリカのメディアは騒然となり、『TIME』誌はさっそく二〇一四年六月二三日号の表紙で「Eat Butter.」と高らかに宣言した。だが、トランス脂肪酸の弊害を指摘したウォルター・ウィレットをはじめ、すぐさま多くの専門家がこの研究結果に異議を唱える事態となった。

バターは悪者か、そうではないのか。結局のところ、論争は決着していない。半世紀以上を経て、話は振り出しに戻ってしまったのである。

そんな追い風を受けてか、日本ではバターブームが続いている。そもそもの始まりは、二〇〇九年（平成二一）にフランスの高級発酵バター「エシレ バター」の専門店が東京・丸の内にオープンしたことだった。カルピスをつくる際にできる乳脂肪分を使ったカルピスバターにも注目が集まり、濃厚な発酵バターブームが起きた。以来、あんバターからバターサンドのブームを経て、二〇二〇年代になってからは「かじるバターアイス」（赤城乳業）に「飲むバター&ミルク」（ローソン）と、バターそのものを味わう製品がヒットしている。

思えば、あからさまな脂肪味への欲求は今に始まったことではない。

一億総グルメという言葉が広まったのは一九八〇年代後半である。その頃には「背脂チャッチャ系」ラーメンが市民権を得て、霜降り和牛の大衆化が進んだ。今や四分の三を超える和牛がサシの多い最高級のA5と次点ランクのA4で占められているほどだ。[*11]

それから一〇年。バブルが崩壊し、日本経済が曲がり角を迎えた一九九七年（平成九）に登場したのが「マヨラー」だ。二〇〇八年から二〇一〇年にかけては先述の「食べるラー油」ブームも起きている。どちらもすでにうま味も兼ね備えた油調味料なのがポイントだ。日本経済の低迷とともに、目の前にある料理を手っ取り早くおいしく変えてくれるものへの人気が高まっているのだろう。

油脂への欲望を全開にした「背徳系」が増殖する一方で、〝体にいい〟油を嗜好する「健康系」も負けてはいない。

スーパーの売り場に行けば、「コレステロール0」「脂肪がつきにくい」などと健康を謳うサラダ油から、最近流行りのえごま油、亜麻仁《あまに》油、ココナッツオイルなど選びきれないほどたくさんの種類が並んでいる。バブル期（一九八六～一九九一）のイタ飯ブームを経て、エキストラバージンオリーブオイルを単純にありがたがっていた頃がもはや懐かしい。

おまけに今では、企業努力によってトランス脂肪酸を大幅に削減されたマーガリンも多く出回り、結果的にバターのほうがトランス脂肪酸を多く含む場合が多々ある（バターは天然由来のトランス脂肪酸だから問題ないとする説もある）。そもそも飽和脂肪酸だけの脂肪などない。脂肪は数種類の脂肪からなり、いいも悪いも両方含んでいる。それを善悪二元論に無理やり落とし込もうとするから、ややこしくなるのだ。

おいしさを科学的に解明してきた伏木亨は、脂肪は甘味やうま味と同じく、脳の報酬系を刺激する、やみつきになる味だと繰り返し語っている。[*12] まさに脂肪に対する戦後日本の飽くなき欲求は、その魔性の証明だ。そして今も新ネタが次々と投入される「背徳系」と「健康系」のマッチポンプの渦中で、人々は宙吊りの欲望を抱えている。

おわりに

小さい頃、ガムや飴、スナック菓子など市販のお菓子を食べさせてもらえなかった。コーラを飲むなんてもってのほか。家でのおやつはナッツやドライフルーツ、それに母の手づくりお菓子だった。カラフルなパッケージのお菓子を食べている友だちが羨ましく、厳しい母を恨みがましく思っていたが、今なら当時の母の気持ちが少しわかる。

私が生まれたのは石油ショックがあった一九七四年（昭和四九）だ。ちょうど高度成長期が終わりを迎えたときである。一九六〇年代後半には食品添加物の問題が噴出した。食品に対する疑心暗鬼が渦巻いていた時代、『暮しの手帖』を愛読する専業主婦だった母にとって、子どもたちになるべく安全なものを食べさせたいという一心だったのだろう。母の心情も無理はなかったのだと理解できた（結局のところ、その反動でポテトチップス好きの大人に育ってしまったが）。

近い過去について、知っているようでいて意外と知らないことが多い。それが本書をまとめながら思ったことだ。

告白すると、扱うテーマが漠とした感覚的なものだけに、連載時から本当に書けるのだろうかと毎度ひやひやしていた。国会図書館におもむき、端末の前で思いつくかぎりのキーワードで検索して、出てきた情報を手がかりにさらに検索することを繰り返した。芋づる式に集めた資料のなかをさまよい、そろそろと書き出すうちに、その味に特有の論点がみえてきた。それらの論点をここで記しておこう。

一章のうま味に通底するのは「伝統とは何か」だ。うま味調味料が物議をかもす一方で、だしが手放しで礼賛される。両者の根っこに共通しているのは日本人のうま味好きだが、見せたい姿だけが「伝統」として切り出される。そして伝統の大合唱が始まると、いつからの、誰にとっての伝統かという視点は脇に追いやられ、地域性などのグラデーションは捨象される。伝統が塗り替えられていく過程がみえてきた。

二章で塩を扱って強く感じたのは、「自然」に対する幻想だ。業界ルールで今では「自然塩」の表示はNGになったが、それでもネットではいまだに使われている。自然食、自然栽培といった言葉があるように、言うまでもなく食と「自然」との相性はいい。私も含め多くの人は、自分の口に入るものが工場内で水と光を管理されて生産されている光景より、大自然の景色のなかで育まれている景色を好むのではないか。たとえそこに実態はなくとも、言葉から喚起されるイメージ、その背後にある物語に人は弱い生きものなのだ。

三章からわかったのは、生命維持に必須でないものこそが豊かな文化を生む源泉になるということだ。貴重な砂糖を味わい尽くすために、季節を映した地域性豊かな和菓子の世界が生まれた。甘いものがジェンダーと結びつきやすいのも、それが文化的なものだからだろう。昨今、砂糖は悪者になりがちだ。その傾向は合理性を求める今の社会にあって、余剰を楽しむ余裕が失われていることを表しているのかもしれない。

六章で取りあげた辛味もまた、栄養的に欠かせないものではない。日々の食を底上げしてくれる刺激の一種であるだけに、「食のエンタテインメント化」しやすい。激辛ブームはそのもっともわかりやすい消費の形だ。

四章の酸味、五章の苦味は雑誌の連載から一冊にまとめるにあたって大幅に加筆した。連載時にはさほど重きをおいていなかったのだが、あらためて調べるうちにこれぞヒトの味覚の複雑さ、おもしろさだと思うにいたった。本来は好ましい味覚ではないだけに、どれだけ味わう経験を積み、学習するかによって味わう楽しみが大きく変わると知ったからだ。

それでいうと、酸味はやや不利な状況に置かれているのが現状だ。「健康にいい」という先入観に支配され、料理のなかでその魅力が十分に活かせているとは言いがたい。今の日本を支配する健康不安をもっとも色濃く反映し、過度な期待＝フードファディズムを背負わされている。

一方で苦味は、図らずも現代社会の一つのキーワードである「多様性」が浮かんだ。画一的な味しか存在していなければ、学びはない。多様性に開かれていること、それこそが味わいを豊かに育むのだ。

今回書き下ろした七章の脂肪味は、油脂調理の歴史が浅い日本人にとって、もっとも現代的な味覚といえるかもしれない。抗いがたい魅力を前に、欲望のありようが問われる。ある者は「いい、悪い」の二元論に落とし込んで安心を得ようとし、またある者は「背徳」に身を任せる。そこから透けてみえるのは、曖昧さに耐えられない人々の姿だ。

戦後の食糧難であらゆるものは代用品になり、人々の味覚は一度リセットされてしまった。そこから復興を遂げ、高度成長期、バブルへと突き進むなかで、食に貪欲な時代が訪れる。一億総グルメといわれ始めた一九八〇年代半ばは、食と健康が強く結びついた転換期でもあった。

ラーメンのような本能に訴えかける味の濃い料理が氾濫する一方で、健康を意識したマイルドな食品が溢れる。今の日本の食には、そんな二極化した状況が生まれている。現代はあちこちで分断が起きているといわれるが、食の世界もまた例外ではないのだろう。

以前、マイケル・モス著『フードトラップ　食品に仕掛けられた至福の罠』（本間徳子訳、日経BP社、二〇一四年）を読んだときのことだ。アメリカの食品大手企業が塩分、糖分、脂肪分という三つの強力かつ安上がりな味の組み合わせによって、いかに消費者を虜《とりこ》にするかに血道を上げるさまを知り、その身も蓋もないビジネス手法に驚いた。

ひるがえって日本の企業はというと、アメリカの企業ほど戦略的であるようには思えない。それよりも「よかれ」と思う老婆心から、「健康」を高らかに謳うことに熱心な気がする。むろん、消費者が健康に配慮したものを求めているという側面もあるだろう。しかし、それが今の日本に蔓延する「健康であらねばならぬ」というプレッシャーをより強化し、日本の食卓を窮屈にしているようにみえてならない。

家の台所で、あるいは店の厨房で、料理は日々つくられては消えていく。だから〝正しい料理〟なんて固定された正解はこの世に存在しない。

わかっていても、知らず知らずのうちに料理に正しさを求めてしまうのはなぜだろうか。

伝統的に正しい。健康的に正しい。環境的に正しい。そうした正論を全部ふり切って、生理的に食べたければそれが正しいという開き直りもある。いろんな正しさが頭をかすめながら、あるときは張り切って包丁を握り、あるときは電子レンジの温めボタンを押す。そんな揺らぎのなかで、人は毎日食べている。

人は雑食動物だ。だから、私はできるだけ雑多に食べたい。両極端な味のどちらかに身を置くのではなく、そのどちらも行き来する曖昧さを享受することこそが、人として食べる楽しみだと思うからだ。

本書の企画は、二〇二〇年に編集者の中矢俊一郎さんから連載の機会をいただいたところから始まった。それから一冊にまとめるまでの丸四年、辛抱強く原稿を待ち、多くの励ましをいただいた中矢さんには感謝の言葉しか思い浮かばない。執筆中に国会図書館のデジタル化が着々と進み、調べる作業の精度が増した。そうした方々の仕事があっての、この本である。また連載時から感想や数々のヒントをくれた家族や友人たち、そして本書に関わってくれたすべての人々にお礼を申し上げたい。

願わくは、食について屈託なく語り合える世の中であるように。

註記

第一章

＊1　北尾トロ「化調風月」『町中華とはなんだ　昭和の味を食べに行こう』北尾トロ、下関マグロほか著、立東舎、二〇一六年。

＊2　池田菊苗「『味の素』発明の動機」、亀高徳平『人生化学』丁未出版社、一九三三年。

＊3　伏木亨『コクと旨味の秘密』新潮新書、二〇〇五年。

＊4　味の素公式サイト「味の素グループの１００年史」。https://www.ajinomoto.co.jp/company/jp/aboutus/history/pdf/his02_4.pdf

＊5　Kwok RH : Chinese-restaurant syndrome. N Engl J Med, 278 : 796, 1968.

＊6　「『化学調味料』の誤解解きたい　味の素社長世界を巡る」『NIKKEI　STYLE』二〇一九年四月二七日配信。https://www.nikkei.com/article/DGXMZO43960400Z10C19A4000000/

＊7　「世界の食文化を侵す〝白いインベーダー〟味の素」週刊金曜日編『「週刊金曜日」別冊ブックレット②買ってはいけない』金曜日、一九九九年。

＊8　一九六〇年のデータは「めんつゆ類の需要動向」『食品と容器』一九八四年七月号。一九七一年以降は『酒類食品統計月報』（日刊経済通信社）より。

＊9　「料理研究家リュウジ氏『マジでなにが体に悪いのかちゃんと説明して』うま味調味料使用反対の声に」『日刊スポーツ』二〇二三年一二月一八日配信。https://www.nikkansports.com/entertainment/news/202312180000295.html

＊10　にんべん公式サイト「日本橋だし場」。https://www.ninben.co.jp/store/dashiba/

＊11　こんぶネット「だしと昆布について」二〇一七年二月二三日掲載。https://kombu.or.jp/pdf/btob/data2017-1.pdf

＊12　奥村彪生「だしの起源と変遷」『水の文化』二〇

〇九年一〇月号。

＊13　「人生の贈りもの　料亭『菊乃井』主人　村田吉弘5」朝日新聞二〇一三年三月一日夕刊。

＊14　「京の視点　和食文化の啓発勧めたい　美濃吉社長・佐竹力総さん」朝日新聞二〇一三年一二月一五日朝刊。

＊15　農林水産省公式サイト「第1回『和食』の保護・継承に向けた検討会」。https://www.maff.go.jp/j/council/seisaku/syoku_vision/pdf/1_giji.pdf

＊16　農林水産省公式サイト「第2回『和食』の保護・継承に向けた検討会」。https://www.maff.go.jp/j/council/seisaku/syoku_vision/pdf/2_giji.pdf

＊17　服部幸應「日本食育学　シンポジウム2014【基調講演】和食の世界無形文化遺産指定とわれわれの食育」『日本食育学会誌』二〇一五年九巻第三号。

＊18　髙橋英一「ユネスコと日本人　『和食』がユネスコ無形文化遺産に登録されるまで」『国連ジャーナル』二〇一八年秋号。

＊19　NHK　BSプレミアム『アナザーストーリーズ運命の分岐点』「世界が絶賛！和食　～無形文化遺産登録～」二〇二一年一月五日放送。

＊20　農林水産省公式サイト「『和食』がユネスコ無形文化遺産に登録されています」。https://www.maff.go.jp/j/keikaku/syokubunka/ich/

＊21　農林水産省公式サイト「日本型食生活のすすめ」。https://www.maff.go.jp/j/syokuiku/zissen_navi/balance/style.html

＊22　江原絢子「すぐれた『和食』－ユネスコ無形文化遺産登録と次世代への継承－」『食と健康』二〇一四年四月号。

第二章

＊1　「[食]塩でシンプルに　すし、天どん、焼き肉…素材の甘み引き出す」読売新聞二〇〇一年八月三一日朝刊、「塩で食いねぇ　外食、さっぱり感が人気」朝日新聞二〇〇二年五月二六日朝刊、「ブランド塩

味と健康とロマン追求」日経プラスワン二〇〇二年七月二〇日など。

＊2 「食考える 塩1 増えるこだわり派」読売新聞二〇〇七年三月六日朝刊。

＊3 「いろんな塩がならんでいますが」『暮しの手帖』第三世紀第七二号（一九九七年）、「自然塩 どう違うの？ どう使うの？」『女性自身』一九九七年一一月二五日号、「海の深き恵み『塩』を考える」『dancyu』一九九七年一二月号、「ダカーポ図説 自然塩ブーム」『ダカーポ』一九九八年一月七日号など。

＊4 「『つけもの塩』試売へ」朝日新聞一九七四年一〇月二九日朝刊。

＊5 「追跡 評判のよい『つけもの塩』」読売新聞一九七五年二月一二日朝刊。

＊6 「自然食ブーム〝塩田〟塩に人気 にがりをプラス／伸び15％／大手も参入」朝日新聞一九八八年一二月二日朝刊。

＊7 北海道消費者センター「『ミネラル豊富』でも期待薄 食塩類」『たしかな目』一九九四年九月号。

＊8 「塩どうなる 専売制廃止へ」朝日新聞一九九五年一二月二五日朝刊。

＊9 厚生労働省公式サイト「国民健康・栄養調査」。https://www.mhlw.go.jp/bunya/kenkou/kenkou_eiyou_chousa.html

＊10 近藤正二「卒中と食習慣」『日本臨床』一九五二年一二月号。

＊11 Meneely G.R. and Dahl L.K.: Electrolytes in hypertension: the effects of sodium chloride. The evidence from animal and human studies, Med Clin North Am 1961; 45

＊12 一九九六年一二月厚生省（当時）公衆衛生審議会「生活習慣に着目した疾病対策の基本的方向性について（意見具申）」。

＊13 東京マーケティング本部第一部 調査・編集『ウエルネス食品市場の将来展望 2019』富士経済、二〇一九年。

第三章

＊1　山辺規子「古代日本の甘味料『甘葛煎』の再現」『甘みの文化』山辺規子編、ドメス出版、二〇一七年。

＊2　週刊朝日編『値段史年表　明治・大正・昭和』朝日新聞社、一九八八年

＊3　「NOWなう　夢のケーキ」『週刊朝日』一九七八年六月二三日号。

＊4　「ニッポン新味覚地図」は読売新聞一九八二年（昭和五七）九月六日〜一一月七日まで全五二回連載されたのち、翌一九八三年に読売新聞解説部編『ニッポン新味覚地図』（読売新聞社）として書籍化された。

＊5　「ニッポン味覚新事情」は読売新聞一九八三年七月二一日〜八月三一日まで全三六回にわたって連載された。

＊6　「ニッポン新味覚地図⑦　紅玉恋し　甘いリンゴが全盛」読売新聞一九八二年九月一四日朝刊。

＊7　「ニッポン味覚新地図㊹　ナシ変身　果汁煮つめ『アメ』に」読売新聞一九八二年一〇月二八日朝刊。

＊8　「果物を糖度表示付きで販売、長野市の丸乙小林商店。」日本経済新聞一九八五年九月二九日、「食べずに果物味見、機械で『甘さ』ズバリ——スイカ（アーバンNOW）」日本経済新聞一九八七年七月二九日夕刊。

＊9　「仕事師たちOn　オフィスグリコ　江崎グリコ」読売新聞二〇一一年一月二九日夕刊。

＊10　厚生労働省公式サイト「国民健康・栄養調査」。https://www.mhlw.go.jp/bunya/kenkou/kenkou_eiyou_chousa.html

第四章

＊1　日本経済新聞社産業地域研究所編『リサーチ・クリップ大全 2013/10〜2014/9』日本経済新聞出版社、二〇一四年。

＊2　総務省統計局「家計調査」一世帯当たり年間の品目別支出金額及び購入数量（二人以上の非農林漁家世帯）－全国昭和三八年〜平成一九年、全国一世

帯当たり年間の品目別支出金額及び購入数量（二人以上の世帯）－全国平成一二年～二二年。https://www.stat.go.jp/data/kakei/longtime/index3.html

＊3　全国食酢協会中央会「食酢産業の変遷」『日本醸造協会雑誌』一九七五年九月号。

＊4　「意外に少ない酢の消費」読売新聞一九六八年六月一五日朝刊。

＊5　「薬効うたいPRすれば…『つかれず』は医薬品無許可販売の上告棄却」読売新聞一九八二年九月二八日夕刊。

＊6　「酢大豆シェイプアップ法」『婦人生活』一九八三年三月号。

＊7　「一日数粒で見違えるほど健康になる　いまぶーむの《酢大豆》」『壮快』一九八八年五月号。

＊8　「お酢のトレンド」『販売革新』一九八六年二月号。

＊9　「仕事師たちＯｎ　はちみつ黒酢ダイエット　タマノイ酢」読売新聞二〇一〇年七月三一日夕刊。

＊10　「人気デス　はちみつレモン飲料」読売新聞一九八九年六月二八日朝刊。

＊11　全国清涼飲料連合会公式サイト「『レモン果実1個当たりのビタミンC量』表示ガイドライン」。http://www.j-sda.or.jp/manufacturing/regulations_and_guidelines04.php

＊12　文部科学省「食品成分データベース」。https://fooddb.mext.go.jp/（二〇二四年二月六日閲覧）

＊13　津村文彦、黒川洋一、宇田川隆、亀田勝見、杉村和彦、宇城輝人「酸味を考える　―酸っぱいものはカラダに良いか？―」『福井県立大学論集』第三九号、二〇一二年八月。

第五章

＊1　後述の『風味は不思議』のほかに、アメリカのジャーナリストであるジョン・マッケイド著『おいしさの人類史　人類初のひと嚙みから「うまみ革命」まで』（中里京子訳、河出書房新社、二〇一六年）、イギリスの進化生態学者ジョナサン・シルバータウン著

『美味しい進化　食べ物と人類はどう進化してきたか』（熊井ひろ美訳、インターシフト、二〇一九年）などがある。原著の出版は、『おいしさの人類史』が二〇一五年、『風味は不思議』と『美味しい進化』がともに二〇一七年と立て続けに出版されている。

＊2　「（Wonder in Life）『苦〜っ』やがて快感に」朝日新聞二〇〇五年五月一日朝刊。

＊3　副原料の使用量が麦芽の重量の一〇分の五までということは、麦芽比率（水やホップ、酵母を除いた原材料の重量に対する麦芽の重量割合）が三分の二以上（約六七％）でなければビールではないということ。この制限は一九五三年（昭和二八）に全文改正された酒税法に引き継がれ、本文で後述するように二〇一八（平成三〇）年の酒税法改正まで続いた。

＊4　井上誠『コーヒーの本』読売新書、一九七〇年。

＊5　全日本コーヒー協会公式サイト「喫茶店の事業所数及び従業員数」。data-jigyosho-jyugyoin2021.pdf。

＊6　独自に発展を遂げた日本のコーヒーについては、アメリカの文化人類学者メリー・ホワイトの『コーヒーと日本人の文化誌　世界最高のコーヒーが生まれる場所』（有泉芙美代訳、創元社、二〇一八年）が詳しい。

＊7　古川緑波『ロッパ食談　完全版』（河出文庫、二〇一四年）。富士屋ホテルに関するエッセイの初出は雑誌『あまカラ』の連載「ロッパの食放談」で、一九五六年六月号から八月号の三回にわたって書かれた。

＊8　「馬車道から消える名物の『珈琲屋』味にこだわり　横浜」朝日新聞一九九一年三月六日朝刊。

＊9　「雑学教室　コーヒー」読売新聞一九七八年五月二日夕刊。

＊10　三島由紀夫『夜会服』角川文庫、二〇〇九年。

＊11　全日本コーヒー協会発行『コーヒーの需要動向に関する基本調査　2010年　第15回調査』（二〇一一年）、『コーヒーの需要動向に関する基本調査　2020年　第20回調査』（二〇二一年）。最新データは全

日本コーヒー協会公式サイト「コーヒー需要動向調査　2022年度　第21回調査（概要）」。https://coffee.ajca.or.jp/pdf/data-juyodoko-gaiyo2022.pdf を参照。

＊12　以後、何度も選出され、最高位は二〇一九年と二〇二一年の三位。二〇二三年は四位にランクインした。

第六章

＊1　「［定番ヒット商品］調味料（3）　タバスコ　世界に広がる〝熟成〟の味」読売新聞一九九三年八月一九日朝刊。

＊2　「定着した中華風の味　酢豚の素・麻婆豆腐の素など」『缶詰時報』一九七一年八月号。

＊3　「連載第15回　これだけはゼヒ知っておきたい食品の実践的商品知識　麻婆豆腐の素」『食品商業』一九七八年九月号。

＊4　農林水産省公式サイト「特用林産物生産統計調査」。https://www.maff.go.jp/j/tokei/kouhyou/tokuyo_rinsan/

＊5　松島憲一「日本における唐辛子とその食文化」『Vesta』第一一五号（二〇一九年）。

＊6　「とても仕入れが間に合わない　唐辛子問屋の尻に火がついた『激辛ブーム』の裏側」『週刊文春』一九八六年九月一八日号。

＊7　「ポテトスナック――激辛ブーム去りシェア変動」日経流通新聞一九八七年九月一九日。

＊8　「シビレる辛さが旨い　ただ今『第4次激辛ブーム』が進行中！」『ＡＥＲＡ』二〇一九年三月一八日号。

第七章

＊1　九州大学公式サイト「脂肪酸が第6番目の基本味である証拠となる神経を新発見」。https://www.kyushu-u.ac.jp/f/35081/19_02_05_01.pdf

＊2　中尾佐助「油脂の歴史と文化」『中尾佐助著作集

第Ⅱ巻　料理の起源と食文化』北海道大学図書刊行会、二〇〇五年。

＊3　中尾佐助「油脂の起源と普及」同前。

＊4　アリストテレス『魂について』中畑正志訳、京都大学学術出版会、二〇〇一年。

＊5　国立健康・栄養研究所「国民栄養の現状」。https://www.nibiohn.go.jp/eiken/chosa/kokumin_eiyou/

＊6　「女を生きる　農家の生活改善につとめる秋山光子さん」読売新聞一九七九年七月二九日朝刊。

＊7　厚生労働省公式サイト「健康づくりのための食生活指針」。https://www.mhlw.go.jp/web/t_doc?dataId=00ta4659&dataType=1&pageNo=1

＊8　厚生労働省公式サイト「トランス脂肪酸に関するQ&A」。https://www.mhlw.go.jp/stf/seisakunitsuite/bunya/0000091319.html

＊9　農林水産省公式サイト「脂質のとりすぎに注意」（更新日：二〇二一年一一月五日）。https://www.maff.go.jp/j/syouan/seisaku/trans_fat/t_eikyou/fat_care.html

＊10　農林水産省公式サイト「食生活指針について」（二〇一六年六月一部改正）。https://www.maff.go.jp/j/syokuiku/shishinn.html

＊11　「『A5』イコール『おいしい』とは限らない　牛肉の評価に新指標」朝日新聞二〇二二年一一月三〇日電子版。

＊12　伏木亨『コクと旨味の秘密』（新潮新書、二〇〇五年）、『人間は脳で食べている』（ちくま新書、二〇〇五年）、『味覚と嗜好のサイエンス』（丸善出版、二〇〇八年）など。

主要参考文献

・木村修一、足立己幸編『食塩　減塩から適塩へ』女子栄養大学出版部、一九八一年
・加藤秀俊ほか『昭和日常生活史　1　モボ・モガから闇市まで』角川書店、一九八五年
・加藤秀俊ほか『昭和日常生活史　2　欠乏から消費の時代へ』角川書店、一九八六年
・加藤秀俊ほか『昭和日常生活史　3　高度成長から低成長時代へ』角川書店、一九八七年
・下川耿史編『昭和・平成家庭史年表　1926→2000　増補』河出書房新社、二〇〇一年
・日本生活学会編『生活学第二十五冊　食の一〇〇年』ドメス出版、二〇〇一年
・ピエール・ラスロー著、寺町朋子訳『柑橘《シトラス》類の文化誌　歴史と人との関わり』一灯舎、二〇一〇年
・江原絢子、東四柳祥子編『日本の食文化史年表』吉川弘文館、二〇一一年
・西東秋男編『平成食文化史年表』筑波書房、二〇一二年
・畑中三応子『ファッションフード、あります。はやりの食べ物クロニクル　1970―2010』紀伊國屋書店、二〇一三年
・星名桂治、栗原堅三、二宮くみ子『だし＝うま味の事典』東京堂出版、二〇一四年
・佐藤成美『「おいしさ」の科学　素材の秘密・味わいを生み出す技術』ブルーバックス、二〇一八年
・阿古真理『パクチーとアジア飯』中央公論新社、二〇一八年
・林哲夫『喫茶店の時代　あのときこんな店があった』ちくま文庫、二〇二〇年
・畑中三応子『熱狂と欲望のヘルシーフード「体にいいもの」にハマる日本人』ウェッジ、二〇二三年

写真提供
◆共同通信社：図1-8, 2-7, 3-2, 3-6, 5-3, 7-2
◆国立国会図書館：図2-3, 3-5, 6-1
◆パブリックドメイン：図1-2

本書は、雑誌『サイゾー』およびウェブメディア『サイゾー premium』の連載「味なニッポン戦後史」（二〇二二年五月～二〇二三年三月）に大幅な加筆・修正を行い、第七章を書き下ろしたものです。

図版作成：アトリエ・プラン

澁川祐子《しぶかわ ゆうこ》

ライター。一九七四年、神奈川県生まれ。東京都立大学人文学部を卒業後、フリーのライターとして活動する傍ら、「民藝」（日本民藝協会）の編集に携わる。現在は食や工芸のテーマを中心に執筆。著書に『オムライスの秘密 メロンパンの謎 人気メニュー誕生ものがたり』（新潮文庫）。編集に『スリップウェア』（誠文堂新光社）。企画・構成に山本彩香著『にちにいまし ちょっといい明日をつくる琉球料理と沖縄の言葉』（文藝春秋）など。

インターナショナル新書一四〇

味《あじ》なニッポン戦後史《せんごし》

二〇二四年四月一〇日 第一刷発行

著者 澁川祐子《しぶかわゆうこ》
発行者 岩瀬 朗
発行所 株式会社 集英社インターナショナル
〒一〇一-〇〇六四 東京都千代田区神田猿楽町一-五-一八
電話 〇三-五二一一-二六三〇
発売所 株式会社 集英社
〒一〇一-八〇五〇 東京都千代田区一ツ橋二-五-一〇
電話 〇三-三二三〇-六〇八〇（読者係）
〇三-三二三〇-六三九三（販売部）書店専用
装幀 アルビレオ
印刷所 大日本印刷株式会社
製本所 大日本印刷株式会社

 ISBN978-4-7976-8140-6 C0277

インターナショナル新書